BestMasters

Mit „BestMasters“ zeichnet Springer die besten Masterarbeiten aus, die an renommierten Hochschulen in Deutschland, Österreich und der Schweiz entstanden sind. Die mit Höchstnote ausgezeichneten Arbeiten wurden durch Gutachter zur Veröffentlichung empfohlen und behandeln aktuelle Themen aus unterschiedlichen Fachgebieten der Naturwissenschaften, Psychologie, Technik und Wirtschaftswissenschaften. Die Reihe wendet sich an Praktiker und Wissenschaftler gleichermaßen und soll insbesondere auch Nachwuchswissenschaftlern Orientierung geben.

Henning Höllwarth

Beiträge zur Mathematischen Stichprobentheorie

Statistische Modellbildung mit Stichprobendesigns und anderen Morphismen

Mit einem Geleitwort von Prof. Dr. Lutz Mattner

Springer Spektrum

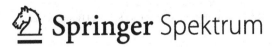

Henning Höllwarth
Göttingen, Deutschland

BestMasters
ISBN 978-3-658-10380-4 ISBN 978-3-658-10381-1 (eBook)
DOI 10.1007/978-3-658-10381-1

Die Deutsche Nationalbibliothek verzeichnet diese Publikation in der Deutschen Nationalbibliografie; detaillierte bibliografische Daten sind im Internet über http://dnb.d-nb.de abrufbar.

Springer Spektrum

Gedruckt auf säurefreiem und chlorfrei gebleichtem Papier

Springer Fachmedien Wiesbaden ist Teil der Fachverlagsgruppe Springer Science+Business Media
(www.springer.com)

Geleitwort

In offensichtlichem Missverhältnis zu ihrer praktischen Wichtigkeit führt die Stichprobentheorie innerhalb der Mathematischen Statistik leider immer noch ein Schattendasein. Sie wird in den einschlägigen Büchern allenfalls am Rande behandelt und dabei oft auf die hypergeometrische Verteilung reduziert. Das ihr gewidmete rund ein Dutzend Seiten im Schätztheorie-Buch von Lehmann & Casella (1998, Seite 224) bzw. in dessen erster Auflage von Lehmann (1983, Seite 231) ist da schon fast ausführlich zu nennen – und es enthält das bezeichnenderweise nach 15 Jahren kaum veränderte Zitat: „Estimation in finite populations has, until recently, been developed largely outside the mainstream of statistics". Woran liegt das?

Sicher spielt es bei der Vernachlässigung durch die Mathematischen Statistiker eine Rolle, dass manche von ihnen mangels näherer Kenntnis den durch das Schlagwort „Ziehen ohne Zurücklegen" angedeuteten mehr elementaren Teil der Stichprobentheorie als für sie nicht interessant genug einschätzen. Der Hauptgrund scheint mir jedoch zu sein: Bisher fehlt eine klare und einheitliche, eben auch die nicht durch eine endliche Registermenge kennzeichenbaren Populationen berücksichtigende mathematische Modellierung des Begriffs „Stichprobe".

Die vorliegende Arbeit von Herrn Henning Höllwarth enthält nun einen überzeugenden Vorschlag zur Schließung jedenfalls eines großen Teiles dieser Lücke, indem sie insbesondere den Begriff des *Stichprobenexperimentes* so allgemein mathematisch präzisiert, dass neben der elementaren Stichprobentheorie und der klassischen Mathematischen Statistik auch Situationen wie beispielsweise die Winkelzählprobe nach Bitterlich zur Untersuchung eines Waldbestandes erfasst werden. Die mathematische Praktikabilität der vorgeschlagenen Definitionen wird durch Bestimmung optimaler erwartungstreuer Schätzer etwa im gerade angedeuteten Beispiel nachgewiesen.

Herr Höllwarth studierte in Trier Mathematik mit Schwerpunkt Mathematische Stochastik; darüberhinaus erhielt er wesentliche Anregungen aus Vorlesungen und Seminaren, sowie aus Hilfskrafttätigkeiten im Bereich Umwelt- und Regionalstatistik, bei meinem Trierer Kollegen Ralf Münnich (Lehrstuhl für Wirtschafts- und Sozialstatistik). Das Thema der vorliegenden Diplomarbeit hat Herr Höllwarth jedoch völlig selbständig gefunden und dann auch praktisch ohne jede Anleitung des unterzeichneten formalen Betreuers bearbeitet.

Wir hoffen, dass diese Arbeit trotz ihres nötigen aber vielleicht auf den ersten Blick etwas gewöhnungsbedürftigen Formalismus gerade auch bei um Klarheit bemühten Angewandten Statistikern ihre Freunde finden wird.

Trier, im März 2015 Prof. Dr. Lutz Mattner

Institutionsprofil

Die Universität Trier ist eine vorwiegend geistes- und sozialwissenschaftlich geprägte, forschungsaktive und international vernetzte Hochschule mit einem Schwerpunkt in der Geschichte und Gegenwart Europas. Sie ist eine junge, dynamische Campus-Universität, die im Aufbruch ihrer Wiedergründung und aus dem Bewusstsein ihrer über fünfhundertjährigen Tradition lebt. Den Studierenden will die Universität Trier nicht nur Kenntnisse und Fähigkeiten vermitteln, sondern auch Anregungen zu Bildung und eigenständigem Nachdenken geben. Sie versteht sich nicht nur als Ort der Vorbereitung auf die berufliche Tätigkeit, sondern auch als Ort der Partizipation und kritischen Reflexion. Die Universität Trier sichert ihre Autonomie als positives Element in der Zusammenarbeit mit staatlichen, wirtschaftlichen und gesellschaftlichen Partnern.

Das Fach Mathematik an der Universität Trier zeichnet sich durch theoretisch fundierte und anwendungsorientierte Studienfächer und Forschungsbereiche aus. Neben der Statistik und Wahrscheinlichkeitstheorie mit Anwendungen in der Finanzmathematik sind dies Numerik und Optimierung bei partiellen Differentialgleichungen, Operations Research und nichtlineare Optimierung sowie angewandte Analysis und Funktionalanalysis.

Die Forschung der Arbeitsgruppe Mattner befasst sich in erster Linie mit klassischer Mathematischer Statistik einerseits und Approximationen und Ungleichungen der Wahrscheinlichkeitstheorie andererseits, unter starker Betonung grundlegender und auch für die universitäre Lehre relevanter Fragestellungen, und in zweiter Linie mit ausgewählten Anwendungen der Statistik.

Vorwort

Die vorliegende Diplomarbeit thematisiert Fragen zu mathematisch-fundierten Grundlagen der Stichprobentheorie. Dieses Bedürfnis nach einer abstrahierten, grundlegenden Perspektive ist sicherlich so alt wie die Statistik selbst und nährt sich durch die Hoffnung auf ein besseres Verständnis für das Zusammenspiel diverser statistischer Ansätze und Argumentationen. Gelegentlich sind es jedoch auch konkrete Anwendungsfälle, die einen erweiterten Blickwinkel verlangen.

Waldinventuren zum Beispiel lassen sich oft nicht in dem üblichen Rahmen der Stichprobentheorie für endliche Grundgesamtheiten behandeln. Zugleich gibt es für sie zum Teil weitergefasste Modellierungen und Interpretationen. Diese Waldinventur-Problematik, auf die ich während meiner Arbeit als studentische Hilfskraft am Forschungszentrum für Umwelt- und Regionalstatistik (forumstat) gestoßen bin, bildet insofern ein Paradebeispiel für den Bedarf allgemeinerer Betrachtungsweisen und lieferte so auch den entscheidenden Impuls für die hier bearbeitete Thematik.

Die Einleitung verrät zunächst etwas über den historischen Kontext, welcher nach meinem Kenntnisstand der Arbeit weitestgehend zugrundeliegt. Dagegen kennzeichnen die im ersten Abschnitt formulierten Grundbegriffe der Stichprobentheorie den eigentlichen Start. Der weitere Fokus liegt letztlich auf der erwartungstreuen Schätztheorie (dritter Abschnitt), wobei zuvor im zweiten Abschnitt allgemein statistische Verfahren entscheidungstheoretisch eingeführt werden. Ein detaillierterer Fahrplan zu dieser Arbeit ist etwas an den bereits erwähnten historischen Kontext gekoppelt und befindet sich somit ebenfalls in der Einleitung.

An dieser Stelle möchte ich Herrn Prof. Dr. Lutz Mattner für die äußerst engagierte und konstruktive Betreuung ganz herzlich danken. Des Weiteren gilt mein Dank Herrn Prof. Dr. Ralf Münnich, unter dessen Leitung ich am forumstat zu den angewandten Themen wie das der Waldinventur herangeführt wurde. Meiner Schwester Ulrike Höllwarth bin ich für die drei Zeichnungen (Abbildungen 1.4 bis 1.6) dankbar. Die hier verwendete Frakturschriftart dient (hoffentlich) der besseren Lesbarkeit der Notation und ist eine „Mathematica"-Schriftart der Firma Wolfram Research. Schließlich danke ich dem Verlag für die unkomplizierte Zusammenarbeit.

Göttingen, im März 2015 Henning Höllwarth

Inhaltsverzeichnis

Abkürzungs- und Symbolverzeichnis

Abkürzungen

BHD	Brusthöhendurchmesser, 13
HT	Horvitz-Thompson, 55
LKHA-Raum	lokalkompakter Hausdorff-Raum mit abzählbarer Basis, 16
u. i. v.	unabhängig, identisch verteilt, 7
UMV	engl. Abkürzung für gleichmäßig minimale Varianz, 3

Analysis, Maßtheorie und Topologie

$\mathbb{1}$	Indikatorfunktion, 103
pr, $\text{pr}_{\mathfrak{X}}$	Projektion, (Koordinaten)Projektion auf $\mathfrak{X}$, 87
pr_j	Koordinatenprojektion auf die j-te Koordinate eines Produktraumes
$\mathbf{id}_{\mathfrak{X}}$	Identität auf $\mathfrak{X}$
$f \otimes g$	Produkt der Abbildungen f und g, 29
$f^{\otimes n}$	n-fache Produkt einer Abbildung f, 30
$K \square P$	Bild von P unter einer Kern K, 15
$T \square \mu$	Bild von μ unter der messbaren Abbildung T, 9
$\boldsymbol{\eta}$, $\boldsymbol{\eta}_{\mathfrak{R}}$	Registermaß zur Menge $\mathfrak{R}$, 11
$\mathbf{M}_{\xi}$	Intensitätsmaß eines Punktprozesses ξ, 112
$\boldsymbol{\lambda}^n$	n-dimensionales Lebesgue-Maß
$\boldsymbol{\zeta}$	Zählmaß

$\frac{d\nu}{d\mu}$	Menge der μ-Dichten von ν
$\mathrm{dom}(F)$	Definitionsbereich einer Funktion F, 85
$\mathrm{ran}(F)$	Wertebereich einer Funktion F, 85
$\mathfrak{F} = \mathfrak{F}(\mathfrak{X}) = \mathfrak{F}(\mathfrak{X}, \mathcal{T})$	Menge der abgeschlossenen Teilmengen in $(\mathfrak{X}, \mathcal{T})$, 87
$\mathfrak{F}^B$	$:= \{F \in \mathfrak{F} : F \cap B = \emptyset\}$ Mengensystem der B-verfehlenden Mengen, 92
$\mathfrak{F}_B$	$:= \{F \in \mathfrak{F} : F \cap B \neq \emptyset\}$ Mengensystem der B-treffenden Mengen, 92
$\mathfrak{F}_{\mathrm{le}} = \mathfrak{F}_{\mathrm{le}}(\mathfrak{X}) = \mathfrak{F}_{\mathrm{le}}(\mathfrak{X}, \mathcal{T})$	Menge der lokalendlichen Teilmengen in $(\mathfrak{X}, \mathcal{T})$, 97
$\mathsf{F} = \mathsf{F}(\mathfrak{X})$	Menge aller endlichen Teilmengen von $\mathfrak{X}$, 97
$\mathsf{F}_n = \mathsf{F}_n(\mathfrak{X})$	Menge aller endlichen Teilmengen von $\mathfrak{X}$ mit Kardinalität $\leq n$, 97
$\mathsf{F}_n^* = \mathsf{F}_n^*(\mathfrak{X})$	nichtleere Mengen aus $\mathsf{F}_n(\mathfrak{X})$, 110
$\mathsf{K} = \mathsf{K}(\mathfrak{X}) = \mathsf{K}(\mathfrak{X}, \mathcal{T})$	Menge der kompakten Teilmengen in $(\mathfrak{X}, \mathcal{T})$, 87
$\mathrm{K}_\delta(x)$	δ-Umgebung, offene Kreisscheibe, 88
$\mathfrak{M} = \mathfrak{M}(\mathfrak{X})$	Menge aller lokalendlichen Maße, 107
$\mathfrak{M}_c = \mathfrak{M}_c(\mathfrak{X})$	Menge aller atomfreien, lokalendlichen Maße auf $\mathfrak{X}$, 34
$\mathfrak{N} = \mathfrak{N}(\mathfrak{X})$	Menge aller lokalendlichen Zählmaße, 107
$\mathfrak{N}_e = \mathfrak{N}_e(\mathfrak{X})$	Menge aller einfachen Zählmaße, 108
$\mathfrak{N}_f = \mathfrak{N}_f(\mathfrak{X})$	Menge aller endlichen, einfachen Zählmaße, 61
Φ	Menge der konvexen Funktionen $\varphi : \mathbb{R} \to \mathbb{R}$, 47
$\mathfrak{L}(\mathfrak{X})$	Menge der messbaren Funktionen $f : \mathfrak{X} \to \mathbb{R}$
$\mathfrak{L}_1(\xi)$	Klasse der bzgl. eines Punktprozesses ξ integrierbaren Funktionen, 112
$\mathfrak{L}_p(\mu) = \mathfrak{L}_p(\mathfrak{X}, \mathcal{A}, \mu)$	Menge der $\mathcal{A}$-messbaren und p-fach μ-integrierbaren Funktionen $f : \mathfrak{X} \to \mathbb{R}$
$\mathfrak{L}_p(\mathcal{P}) = \mathfrak{L}_p(\mathfrak{X}, \mathcal{A}, \mathcal{P})$	Menge der $\mathcal{A}$-messbaren und p-fach $\mathcal{P}$-integrierbaren Funktionen $f : \mathfrak{X} \to \mathbb{R}$, 71
$\mathrm{lin\,span}\, A$	lineare Hülle einer Teilmenge A eines Vektorraumes
$\mathbb{N}, \mathbb{N}_0$	Menge der natürlichen Zahlen, $\mathbb{N} \cup \{0\}$

$\mathfrak{P}_n$	Menge aller n-Permutationen, 30
$\mathbb{R}, \mathbb{R}_+$	Menge der natürlichen, rellen, nichtnegativen reellen Zahlen
$\overline{\mathbb{R}}, \overline{\mathbb{R}}_+$	erweiterte reelle bzw. nichtnegative reelle Zahlengerade, 107
$\mathfrak{X}^n_{\neq}$	$:= \{x \in \mathfrak{X}^n : x_i \neq x_j \ \forall i, j,\ i \neq j\}$, 19
$\leq_{\mathbb{R}}, <_{\mathbb{R}}$	(Total-)Ordnung bzw. Striktordnung auf $\mathbb{R}$
$\leq_{\mathrm{cx}}$	Konvexordnung, 47
$\leq_{\mathrm{lx}}$	lexikographische Ordnung, 105
$\preceq_{(\mathcal{P},\mathcal{L})}$	Präferenzrelation für statistische Verfahren bzgl. eines Modells $\mathcal{P}$ und einer Verlustfunktionenklasse $\mathcal{L}$, 46
$\preceq_{(\mathcal{P},\Phi)}$	Präferenzrelation für Schätzverfahren bzgl. eines Modells $\mathcal{P}$ und der „Verlustfunktionenklasse" Φ, 47
$R_{\mathfrak{X}} \otimes R_{\mathfrak{Y}}$	Produktrelation, 105
$2^{\mathfrak{X}}$	Potenzmenge von $\mathfrak{X}$, 86
$\sigma(\mathcal{D})$	σ-Algebra, die von $\mathcal{D} \subset 2^{\mathfrak{X}}$ erzeugt wird
$\mathcal{B}(\mathfrak{X}) = \mathcal{B}(\mathfrak{X}, \mathcal{T})$	Borel-σ-Algebra zum topologischen Raum $(\mathfrak{X}, \mathcal{T})$, 95
$\mathcal{E} = \mathcal{E}(\mathfrak{X})$	Effros-σ-Algebra, 95
$\mathcal{E}_{\mathfrak{S}} = \mathcal{E}_{\mathfrak{S}}(\mathfrak{X})$	Spur-σ-Algebra von $\mathcal{E}(\mathfrak{X})$ mit einer Spur $\mathfrak{S} \subset \mathfrak{A}(\mathfrak{X})$, 95
$\mathcal{E}_{\mathrm{le}} = \mathcal{E}_{\mathrm{le}}(\mathfrak{X})$	Spur-σ-Algebra von $\mathcal{E}(\mathfrak{X})$ mit Spur $\mathfrak{A}_{\mathrm{le}}$, 106
$\mathcal{M} = \mathcal{M}(\mathfrak{X})$	σ-Algebra auf $\mathfrak{M}(\mathfrak{X})$, 107
$\mathcal{N} = \mathcal{N}(\mathfrak{X})$	Spur-σ-Algebra von $\mathcal{M}(\mathfrak{X})$ mit Spur $\mathfrak{N}(\mathfrak{X})$, 108
$\mathcal{N}_{\mathrm{e}} = \mathcal{N}_{\mathrm{e}}(\mathfrak{X})$	Spur-σ-Algebra von $\mathcal{M}(\mathfrak{X})$ mit Spur $\mathfrak{N}_{\mathrm{e}}(\mathfrak{X})$, 108
$\mathcal{N}_{\mathrm{f}} = \mathcal{N}_{\mathrm{f}}(\mathfrak{X})$	Spur-σ-Algebra von $\mathcal{M}(\mathfrak{X})$ mit Spur $\mathfrak{N}_{\mathrm{f}}(\mathfrak{X})$, 61
$\lVert\cdot\rVert_2$	Euklidische Norm
$\mathcal{T}_{\mathbf{F}}$	Fell-Topologie, 92
$\tau(\mathcal{D})$	Topologie, die von $\mathcal{D} \subset 2^{\mathfrak{X}}$ erzeugt wird, 86
$\tau(f_\iota : \iota \in I)$	Initialtopologie bzgl. der Funktionenfamilie $(f_\iota)_{\iota\in I}$, 87

$\mathcal{T}_d$	kanonische Topologie zu einem metrischen Raum $(\mathfrak{X},d)$, 86
$\mathcal{T}_{\|\cdot\|}$	Normtopologie auf einem normierten Vektorraum $(E,\|\cdot\|)$
$\mathcal{T}_{\mathbf{p}}$	primitive Topologie, 94

Statistik und Wahrscheinlichkeitstheorie

$\mathfrak{D}$	Entscheidungsraum, 41
$\mathfrak{E} = \mathfrak{E}(\mathfrak{X},\mathfrak{D})$	Menge aller statistischer Entscheidungsverfahren auf dem Stichprobenraum $\mathfrak{X}$ mit Entscheidungsraum $\mathfrak{D}$, 41
$\mathfrak{E}_\kappa$	Menge aller erwartungstreuen Schätzer für den Parameter κ, 51
$\mathfrak{G}(\mathfrak{R},\mathfrak{Y})$	Menge aller Populationen im Register $\mathfrak{R}$ mit dem Zustandsraum $\mathfrak{Y}$, 10
$\mathfrak{G}_e(\mathfrak{R},\mathfrak{Y})$	Menge aller endlichen Populationen im Register $\mathfrak{R}$ mit dem Zustandsraum $\mathfrak{Y}$, 13
$\mathrm{Prob}(\mathfrak{X}) = \mathrm{Prob}(\mathfrak{X},\mathcal{A})$	Menge aller Verteilungen auf $(\mathfrak{X},\mathcal{A})$
$\mathrm{Samp}(\Delta,\mathcal{F})$	Menge aller Stichprobendesigns für $(\Delta,\mathcal{F})$, 15
$\boldsymbol{\beta}(\gamma)$	Bestandesgrundfläche der Waldpopulation γ, 40
$\boldsymbol{\mu}(P)$, $\boldsymbol{\mu}(X)$	Erwartungswert einer Verteilung P bzw. einer Zufallsgröße X, 32
$\boldsymbol{\sigma}^2(P)$, $\boldsymbol{\sigma}^2(X)$	Varianz einer Verteilung P bzw. einer Zufallsgröße X, 32
$\boldsymbol{\tau}(G)$	Totalwert einer deterministischen Population G, 52
$P(X \mid \mathcal{C})$	bedingte Erwartung von X gegeben $\mathcal{C}$ bzgl. P
$\mathbf{p}$, $\mathbf{p}_G$	Funktion der Inklusionswahrscheinlichkeiten (für G), 55
(τ,K), $\mathcal{P} \xrightarrow{(\tau,K)} \mathbb{Q}$	Statistischer Morphismus von $\mathcal{P}$ nach $\mathbb{Q}$ mit Parameterfunktion τ und Markov-Kern K, 28
$\mathcal{P} \xrightarrow{(\tau,K)}: \mathbb{Q}$	Modell $\mathbb{Q}$ definiert als die mit dem Morphismus (τ,K) transformierte Verteilungsfamilie $\mathcal{P}$
$\mathrm{mse}(\widehat{\kappa},\vartheta)$	mittlere quadratische Abweichung des Schätzers $\widehat{\kappa}$ unter dem Parameter ϑ, 46

F_P^{-1}	Quantilfunktion einer Verteilung P
$\overline{\mathfrak{y}}$	Stichprobenmittel, 3
$\mathbf{m}_\mathrm{F}$	Stichprobendesign zur Waldinventur von Mandallaz (2007), 66
$\mathbf{u}_{\mathrm{OZ}(n)}$	Stichprobendesign des n-maligen zufälligen Ziehens ohne Zurücklegen, 19
$\mathbf{u}_{\mathrm{MZ}(n)}$	Stichprobendesign des n-maligen zufälligen Ziehens mit Zurücklegen, 19
$\mathbf{u}_n$	Stichprobendesign des n-maligen zufälligen, unabhängigen Ziehens, 21
$\mathbf{v}_\Delta$	Stichprobendesign der Vollerhebung zur Populationsklasse Δ, 16
$\mathbf{w}_{\mathrm{B},\alpha}$	Stichprobendesign der Winkelzählprobe zum Grenzwinkel α, 24
$\mathbf{w}_\mathrm{F}$	Stichprobendesign zur Kreisflächenerfassung bei Waldinventuren, 21
$\mathbf{w}_{\mathrm{F,r}}$	Stichprobendesign der Erfassung von Bäumen in einem Rechteck zufälliger Position, 22
$\mathbf{nn}_k$	Stichprobendesign der k-Baum-Stichprobe, 26
$\mathbf{w}_\mathrm{S}$	Stichprobendesign der systematischen Auswahl von Opsomer *et al.* (2007), 68
$P(\cdot \mid A)$	bedingte Verteilung von P gegeben $A \in \mathscr{B}$, $P(A) > 0$
$\mathbf{B}_p$	Bernoulli-Verteilung mit Eintrittswahrscheinlichkeit p, 42
$\mathbf{B}_{n,p}$	Binomialverteilung der Länge n und Eintrittswahrscheinlichkeit p, 52
$\boldsymbol{\delta}_x$	Dirac-Verteilung im Punkt x, 10
$\mathbf{N}(\mu,\sigma^2)$, $\mathbf{N}_{\mu,\sigma^2}$	Normalverteilung mit Erwartungswert μ und Varianz σ^2
$\mathbf{N}(\mu,\Sigma)$	multivariate Normalverteilung mit Erwartung μ und Kovarianzmatrix Σ
$\mathbf{Poi}(M)$	Verteilung des Poisson-Prozesses mit Intensitätsmaß M, 113

$\mathbf{U}_M$	Gleichverteilung auf M, falls M nichtleer und endlich, oder $M \subset \mathbb{R}^n$ mit $0 < \boldsymbol{\lambda}^n(M) < \infty$, 11
$\mathscr{P} \cong \mathbb{Q}$	isomorphe Verteilungsfamilien $\mathscr{P}$ und $\mathbb{Q}$, 29
$\mathbb{S}(q,K,\delta)$, $\mathbb{S}(\delta)$	Statistische Eigenschaften der Strategie q,K und δ bzw. die statistischen Eigenschaften des Verfahrens δ, 43
$\mathbb{Q}(\mathscr{R},q)$	parametrisiertes Stichprobenexperiment für die Populationsannahme $\mathscr{R}$ unter dem Stichprobendesign q, 27
$\mathscr{U}_{n,\Delta}$	das zu $\mathbf{u}_n\|_\Delta$ isomorphe Produktmodell, 30

Abbildungsverzeichnis

Einleitung

Als der von dem Astronomen Giuseppe Piazzi im Januar 1801 zufällig entdeckte Asteroid Ceres bereits nach kurzer Zeit durch den Einfluss der Sonne nicht mehr aufzuspüren war, entwickelte sich regelrecht ein Wettkampf um dessen Wiederentdeckung. Viele namhafte Astronomen machten sich auf die Suche nach diesem Zwergplaneten. Sie blieben jedoch ohne Erfolg. Letztlich gelang es dem jungen Carl Friedrich Gauß mit den wenigen Beobachtungsdaten von Piazzi die Umlaufbahn zu schätzen, anhand welcher der Baron von Zach, Offizier der Sternwarte Gotha, am 7. Dezember 1801 Ceres wiederfand. Gauß' entscheidender Beitrag ergibt sich aus der von ihm später publizierten Entwicklung eines wahrscheinlichkeitstheoretischen bzw. *statistischen* Fehlergesetzes, das den jeweiligen Messwerten unterliegt.[1]

Zu jener Zeit herrschte Napoleon über Frankreich. Einer seiner Weggefährten, Pierre Simon Laplace, Mitglied der Akademie der Wissenschaften sowie des Senats, überzeugte Napoleon und schließlich die ganze französische Regierung, die Bevölkerungsgröße anhand einer teilweisen Erfassung zu bestimmen. So schätzte Laplace im September 1802 das französische Volk auf etwa 27,3 Millionen Einwohner und zählt spätestens seit dem zu den Pionieren der *Stichprobentheorie*.[2]

Der Anfang des 19. Jahrhunderts war auch die Zeit, in der nach Jahren des sorglosen Umgangs und des Raubbaus an den Wäldern Europas ein Umdenken dahingehend einsetzte, diese nachhaltig zu bewirtschaften. Dem gingen Klagen über die Holzknappheit voraus. Aufforstungsinitiativen und diverse Verordnungen zum Erhalt der Wälder waren die Folge. Mit

[1] Genauere Ausführungen hierzu sowie Einschätzungen zum Streit zwischen Gauß und Legendre, wem die „Methode der kleinsten Quadrate" zuzuschreiben ist, findet man in Krengel (2006). Auch Hald (1998, Seite 351 ff.) beschreibt kurz den Einfluss der Ceres-Entdeckung für die weitere Arbeit von Gauß.

[2] Hierzu vergleiche man Hald (1998, Seite 283 ff.).

dieser Bewegung wuchs dementsprechend das Interesse am Einschätzen und Dokumentieren von Waldbestandsgrößen und deren Entwicklung, also Maßnahmen, die heute unter dem Begriff *Waldinventur* fallen.[3]

Es sind oft solche rein praktischen Probleme, aus welchen sich die Mathematik weiterentwickelt. Und tatsächlich erhielt die Gauß'sche Fehlertheorie im weiteren Verlauf viel Aufmerksamkeit, gerade auch von Mathematikern. Bis etwa zur Mitte des 20. Jahrhunderts erschienen viele bedeutende Arbeiten.[4] Diese ordneten sich nun zu dem inzwischen etablierten Teilgebiet der Mathematik, nämlich zu dem der *Mathematischen Statistik*.

Im Gegensatz dazu geriet der Gedanke der stichprobenartigen Analyse von Grundgesamtheiten zunächst in Vergessenheit. Erst zum Ende des 19. Jahrhunderts warb der Norweger Anders Nicolai Kiær mit seinen Arbeiten unter anderem auch auf den Konferenzen des International Statistical Institute für die Verwendung von Stichproben. In den Folgejahren nahm das Interesse zu. Neyman (1934) lieferte einen Meilenstein für die Entwicklung der Stichprobentheorie, welche nicht zuletzt auch durch die in den 1930er Jahren dominierende Weltwirtschaftskrise gefördert wurde, denn: Das Ausmaß der Arbeitslosigkeit wurde unüberschaubar, so dass man 1938 entsprechende und dringend benötigte Zahlen und Anteile anhand von Stichproben schätzte. Weitere Einsatzgebiete kamen hinzu. Zur Mitte des 20. Jahrhunderts war also der Bedarf an einer Stichprobentheorie da, sie selbst aber nicht.[5]

Nach den Arbeiten von Hansen & Hurwitz (1943) und Horvitz & Thompson (1952), waren es wohl Ergebnisse wie die aus Godambe (1955) bzw. Godambe & Joshi (1965), die nach Angaben von Godambe selbst zu dem im April 1968 veranstalteten Symposium „Foundations of Survey Sampling“ führten (siehe Thompson & Godambe, 2002, Seite 462). Das überraschende Ergebnis aus Godambe & Joshi (1965) war, dass es in dem naheliegend formalisierten Rahmen der Stichprobentheorie keinen Schätzer mit gleich-

[3]Eine ausführliche Darstellung der Waldzustände zum Ende des 18. Jahrhunderts mit entsprechenden Nachweisen findet man in Schwappach (1886, §§ 53 f., Seite 349–359).

[4]Man denke hierbei natürlich an die Arbeiten von Fisher, Neyman und Pearson, aber auch z. B. an die von Halmos, Lehmann und Scheffé präzisierten und herausgearbeiteten Begriffe und Konzepte.

[5]Man vgl. Wright (2001).

mäßig minimaler Varianz (UMV)[6] in der Menge aller erwartungstreuen Schätzer für den Mittelwert der Grundgesamtheit gibt. Demgegenüber besaß die Mathematische Statistik ihrerseits das Resultat, dass etwa das Stichprobenmittel $\overline{\mathrm{y}}(y) := \frac{1}{n}\sum_{i=1}^{n} y_i$ $(y \in \mathbb{R}^n)$ für das Modell $(\mathbf{N}_{\mu,\sigma^2}^{\otimes n} : \mu \in \mathbb{R})$ ein UMV-Schätzer ist.

Die Einordnung solcher Resultate sowie diverser Begriffe und Konzepte der Mathematischen Statistik prägten maßgeblich die weitere Entwicklung der Stichprobentheorie in den 60er und 70er Jahren des 20. Jahrhunderts. Für typische Kontroversen der damaligen Zeit betrachten wir Godambe (1970) etwas näher. So beginnt er mit einer vergleichenden Darstellung, nämlich dass das Stichprobenmittel im Fall des n-fachen Ziehens ohne Zurücklegen aus einer N-elementigen Urne mit Ausprägungen $y_1, \ldots, y_N$ kein UMV-Schätzer für das Populationsmittel ist. Hinsichtlich einer entsprechend positiven Antwort in der Mathematischen Statistik reflektiert er kurz die Interpretation von Messungen einer Größe als eine zufällig gezogene Stichprobe aus einer *hypothetischen*[7] Population und führt den folgenden Gedanken an (siehe Godambe, 1970, Abschnitt 4, Seite 34 f.): [8]

> „It is easy to see that [...] if the individual labels $i = 1, \ldots, N$ are ignored, the hypothetical population generated by n draws without replacement has a joint n-variate frequency distribution such that each variate has a common unknown marginal distribution“. (A)

Er betont, dass die UMV-Eigenschaft von $\overline{\mathrm{y}}$ genau für diese Population gelte und bezieht sich dabei auf Halmos (1947)[9]. Schließlich fasst Godambe (1970, Abschnitt 5, Seite 35) zusammen:

> „If statistical theory could not explain such crucial statistical intuition [...], the theory would be seriously inadequate or un-

[6]Wir verwenden die aus der englischsprachigen Literatur bekannte Abkürzung UMV für „uniformly minimum variance“.

[7]Während man die in der Stichprobentheorie vorkommenden endlichen Populationen als *real* bezeichnet, versieht man das entsprechende abstrakte Objekt in der Mathematischen Statistik mit dem Attribut „hypothetisch“.

[8]Eine solche oder ähnliche Vorstellung ist in der Stichprobentheorie üblich, ohne diese jedoch dann formal zu begründen. Auch vorher sind Autoren mit einer solchen Auffassung auszumachen (vgl. Fisher, 1922, Seite 313). Man beachte hierbei außerdem das nachfolgende Zitat (B).

[9]Vermutlich meint Godambe Halmos (1946).

> realistic. One may try to get out of this disturbing situation by adopting one of the following two approaches;
>
> (I) by extending the statistical theory with a new model and corresponding formal criteria of optimality or appropriateness,
>
> (II) by interpreting survey-sampling in such a way that it would fit within the framework (model) of the general statistical theory [...]."

Nach der Einschätzung von Godambe lag der wesentliche Aspekt während des Symposiums im Jahr 1968 in der Entscheidungsfrage: „Whether (I) or (II)?" Er spricht sich für den Ansatz (I) aus.

Eine Gegenüberstellung der Mathematischen Statistik und der Stichprobentheorie blieb erhalten, die schließlich in dem Buch von Cassel *et al.* (1977) gipfelte. Dabei beschränkte man sich auf Grundgesamtheiten, die durch ein endliches und bekanntes Register organisiert sind. Hierzu vielleicht noch ein Zitat von Cassel *et al.* (1977, Seite 28):

> „Many populations dealt with in practice are not only finite but also made up of identifiable units. (Yet the Fisherian framework in traditional statistical inference has so far not lent itself very well to representations beyond the random sampling variety.)" (B)

In dem Zeitraum danach sind Arbeiten, die eine Stichprobentheorie für allgemeinere Grundgesamtheiten anstreben, rar. Und obwohl z. B. Cordy (1993) auch auf die Relevanz „stetiger Populationen" aufmerksam machte und als Beispiel u. a. Waldinventuren nennt, ist anscheinend bis heute keine hinreichend allgemeine und zugängliche Stichprobentheorie entwickelt worden.

Zur Diskussion, welcher der von Godambe verfassten Punkte (I) bzw. (II) zu fokussieren ist und überhaupt worin sich diese beiden Ansätze genau unterscheiden, werden wir hier nichts beitragen. Stattdessen soll davon unbeeinflusst in der vorliegenden Arbeit eine Stichprobentheorie herausarbeitet werden, so dass wir in diesem Rahmen möglichst alle statistischen Probleme, auch jene, die Populationen mit komplexerer Struktur betreffen, betrachten und analysieren können. Hierzu zählt neben Situationen wie die der Waldinventur auch die Situation der Mathematischen Statistik (vgl. obige Aussage (B) von Cassel *et al.* (1977)).

In dem ersten Kapitel präzisieren wir hierzu einige Grundbegriffe in der geforderten Allgemeinheit. Dabei beginnen wir mit einer Definition des Begriffs „Population“, worin sich dann sowohl die realen als auch die hypothetischen wiederfinden sollen und enden mit statistischen Morphismen. Letztere werden wir u.a. für einen Nachweis der etwas vagen und schwer verständlich formulierten Aussage (A) von Godambe benötigen.

Das zweite Kapitel legt die klassischen Fragestellungen der Statistik dar und beschäftigt sich kurz mit den zugehörigen statistischen Verfahren in dem betrachteten Kontext. Ausführungen zu den Bewertungskonzepten werden auf die hier interessierende erwartungstreue Schätztheorie ausgerichtet.

Das erwartungstreue Schätzen ist dann Inhalt des dritten Kapitels. Dort werden wir zunächst den sogenannten Horvitz-Thompson-Schätzer für endliche Populationen in einer etwas elementaren Weise einführen. Eine grundlegendere Verallgemeinerung erhalten wir mit Hilfe des Satzes von Campbell, so dass wir schließlich auch ein entsprechendes Resultat für überabzählbare Grundgesamtheiten wie z. B. die hypothetische Population der Mathematischen Statistik notieren können. Außerdem versuchen wir das bereits angesprochene UMV-Resultat für $\overline{y}$ im Kontext der Stichprobentheorie besser einzuordnen und schließen den Abschnitt mit entsprechenden Überlegungen für die Schätzprobleme der Waldinventur.

Überhaupt werden stets elementare Beispiele zu den genannten Feldern Gauß'sche Fehlertheorie, (wirtschaftspolitische) Umfragen sowie Waldinventuren die jeweiligen Begriffe und Situationen veranschaulichen. Am Ende eines jeden Kapitels werden die Betrachtungen und Ergebnisse in die Literatur eingeordnet, ggf. werden auch weitere offene Fragen und Probleme notiert.

Für die beschriebenen Absichten benötigen wir Begriffe und Konzepte der stochastischen Geometrie, die zusammen mit einigen topologischen und maßtheoretischen Überlegungen in zwei Anhängen bereitgestellt werden.

1 Grundbegriffe der Stichprobentheorie

Egal, ob es sich um eine physikalische Messung, die Einkommenssituation eines deutschen Haushaltes oder den durch einen Waldbestand gegebenen Holzvorrat handelt – jede Beobachtung und jede Sachlage resultiert aus verschiedenen und sich überlagernden Einflüssen. Dabei werden die Einflussfaktoren, welche außerhalb unserer Wahrnehmung oder Vorstellungskraft liegen, unter dem Begriff „Zufall" zusammengefasst. Die Gesetzmäßigkeit einer Beobachtung oder eines Merkmals ist oft zufallsabhängig. Etwas umfassender, nämlich die Gesamtheit aller Ausprägungen, organisiert durch sämtliche Einflussfaktoren, bezeichnet schließlich die sogenannte *Grundgesamtheit* oder *Population*. In der Statistik verfolgt man nun das Ziel, an Hand von Beobachtungsdaten die Population einer interessierenden Erscheinung bestmöglich zu beschreiben.

Selbst eine Naturkonstante lässt sich nach dieser Auffassung von den uns umgebenen Zuständen nicht direkt, also fehlerfrei, ermitteln. Um sie dennoch in Erfahrung zu bringen, ist eine Charakterisierung der Fehlerverteilung naheliegend. Hierfür sollen die mit einer Methode wiederholt durchgeführten Messungen $y_1, y_2, ..., y_n$ dienen und die Bezeichnung *Stichprobe* erhalten. In dieser Situation lassen sich die Daten dahingehend interpretieren, dass jeder Wert der Stichprobe der gleichen Verteilung folgt und zugleich kein Wert die sonstigen Messungen beeinflusst. Es handelt sich also um einen bequemen Sonderfall, den einer sogenannten unabhängigen, identisch verteilten (u. i. v.) Zufallsstichprobe.

Oftmals werden Stichproben jedoch durch kompliziertere *Auswahlschemata* erzeugt, da zusätzliche Informationen vor oder während der Erhebung der Daten zur Verfügung stehen und mit ihrer Verwendung eine bessere Beschreibung der interessierenden Gegebenheit möglich ist. Aber auch ein gewisser Informationsmangel oder Einschränkungen bei der praktischen Umsetzung des Ziehungsmechanismus verbieten eine Auffassung der Daten als u. i. v. Stichprobe.

Letztlich hängt eine Aussage über die Grundgesamtheit der Einflussfaktoren eines interessierenden Sachverhaltes natürlich genau von dem Ausgang der Stichprobenziehung ab, zumal man diese im Kontext aller denkbaren Stichprobenverteilungen betrachten muss. Die Vorstellung von der Gesamtheit aller plausiblen Stichprobenverteilungen wird durch den Begriff *(statistisches Stichproben-)Experiment* oder *Modell* formalisiert.

In diesem Kapitel sollen die drei grundlegenden Begriffe, nämlich der Begriff einer Population, eines Auswahlschemas und eines statistischen Modells präzisiert und veranschaulicht werden. Nicht zuletzt gelangen wir zu dem sehr wichtigen Objekt namens *Stichprobendesign*, welches die drei Begriffe gewissermaßen verbindet.

Anders als in der gegenwärtig geläufigen Literatur zur Mathematischen Statistik und zur Stichprobentheorie werden diese Begriffsbildungen dabei derart herausgebildet, dass sich schließlich alle der eingangs genannten Beispiele in diesem allgemeinen Rahmen behandeln lassen. Das Messen einer physikalischen Größe, die Einkommensverteilungsschätzung und die Waldinventur werden uns somit als Anwendungsfälle durchweg begleiten.

1.1 Populationen

Ein Wahrscheinlichkeitsmaß P ordnet Ereignissen, also gewisse Mengen von möglichen Ausprägungen einer zufälligen Erscheinung, eine (relative) reelle Zahl aus $[0,1]$ zu. Es ist das zentrale Objekt zur Modellierung und Analyse des Zufalls in der Wahrscheinlichkeitstheorie. Für die Zwecke der Statistik betrachten wir nun etwas darüber hinaus die Menge aller Ausprägungen, welche oft in einem natürlich gegebenen Register angeordnet sind. Zum Beispiel sind die zu untersuchenden Elemente gelegentlich an eine räumliche oder zeitliche Komponente gekoppelt. In anderen Fällen lassen sich diese durchnummerieren.

In diesem Abschnitt wollen wir nun einen Begriff für diese organisierte Gesamtheit der Ausprägungen präzisieren. Bevor wir aber zur Definition dieses zentralen Objektes der Statistik kommen, soll das folgende Beispiel die bereits angedachten Aspekte veranschaulichen und einen Ausblick auf die Verwendung des Begriffs geben.

1.1 Beispiel (Umfragen) Politik und Wirtschaft interessieren sich häufig für die Einkommensverteilung einer Bevölkerung oder auch nur für die einer gewissen Gesellschaftsschicht. Eine zeitnahe Ermittlung dieses Sachverhaltes soll per Umfrage realisiert werden. Vollständig bekannt ist eine Liste der Haushalte, für welche die Menge $\mathfrak{R} := \{1,\dots,N\}$ steht. Bei der Untersuchung der Einkommensverteilung der gesamten Bevölkerung ist jedes Element von $\mathfrak{R}$ Träger des Merkmals „Einkommen". Die Menge

$$G := \Big\{\big(1,Y(1)\big),\dots,\big(N,Y(N)\big)\Big\} \subset \mathfrak{R} \times \mathbb{R}_+$$

stellt das zu untersuchende Objekt „Population" dar, wobei $Y(k)$ für das Einkommen des Haushaltes k steht. Ferner lässt sich die Merkmalszuordnung $Y : \mathfrak{R} \to \mathbb{R}_+$ mit G identifizieren, so dass[1] [2] $G \square \frac{1}{N}\zeta(\cdot)$ für die Merkmalsverteilung, d. h. Einkommensverteilung, steht.

Eine Untersuchung der Einkommensverhältnisse einer speziellen Teilgruppe von $M \leq N$ Haushalten ist dagegen etwas schwieriger. Mit der Teilgruppe kann zum Beispiel eine gewisse Einkommensschicht gemeint sein, d. h.

$$G_0 := \Big\{\big(k,Y(k)\big) : Y(k) \in [a,b],\ k = 1,\dots,N\Big\} \subset \mathfrak{R} \times \mathbb{R}_+.$$

Die Registerpositionen dieser Mitglieder der interessierenden Gesellschaftsschicht sind dabei nicht bekannt, in diesem Sinne also in der Liste $\mathfrak{R}$ (zufällig) verstreut und können nicht direkt erhoben werden. Statt an G sind wir nun an der Beschreibung von G_0 interessiert. Mit[3] $M := |G_0| := \zeta(G)$ ist hier $G_0 \square \frac{1}{M}\zeta(\cdot)$ die Merkmalsverteilung. ◆

Dieses Beispiel betont in seiner Darbietung drei wesentliche Aspekte: (1) Für einen Ziehungsmechanismus steht uns hier der Rahmen $\mathfrak{R} \times \mathbb{R}_+$ zur Verfügung, jedoch im Allgemeinen nicht ausschließlich die eigentlich interessierenden Individuen, wie z. B. beim zweiten Fall G_0. (2) Das uns interessierende Objekt wird als spezielle Teilmenge von $\mathfrak{R} \times \mathbb{R}_+$ aufgefasst,

---

[1] Für ein Maß μ auf $(\mathfrak{X},\mathcal{A})$ und einer messbaren Abbildung $T : (\mathfrak{X},\mathcal{A}) \to (\mathfrak{Y},\mathcal{B})$ bezeichnen wir mit $T \square \mu := \mu(T^{-1}(\cdot))$ das *Bildmaß* von μ unter T.

[2] Hierbei ist ζ das *Zählmaß*.

[3] Statt $\zeta(M)$ schreiben wir häufig auch $|M|$.

nämlich als Funktion[4]. (3) Auf der hier endlichen Menge $\mathfrak{R}$, welche wir im Folgenden als *Registermenge* bezeichnen, verwenden wir das Zählmaß ζ.

Die bei einer Befragung erhobenen Werte sind jedoch auch oft fehlerbehaftet. Zum Beispiel sind sensible personenbezogene Daten irrtümlichen oder bewussten Falschangaben ausgesetzt. Auch Fehler in der Übertragung oder beim Messen selbst sind zu beachten. Deshalb wird gelegentlich die Betrachtung der zu untersuchenden Population als Realisation einer Verteilung notwendig. Das ist noch ein vierter Aspekt, der in die Definition des Begriffs „Population" Einzug erhalten soll.

Fassen wir nun diese Vorbemerkungen zusammen, so steht für die Populationsbegriffsbildung allgemein die Forderung im Raum, für beliebige Mengen $\mathfrak{R}$ und $\mathfrak{Y}$ auf

$$\mathfrak{G} := \mathfrak{G}(\mathfrak{R}, \mathfrak{Y}) := \{G \subset \mathfrak{R} \times \mathfrak{Y} : \ G \text{ Funktion}\} \tag{1.1}$$

Wahrscheinlichkeitsverteilungen zu betrachten. Sei dazu $\mathcal{F}$ eine σ-Algebra auf $\mathfrak{G}$, so definieren wir nun:

1.2 Definition Eine Verteilung γ auf $(\mathfrak{G}, \mathcal{F})$ heißt *(randomisierte) Population* im *Register* $\mathfrak{R}$ mit *Zustandsraum* $\mathfrak{Y}$. Speziell[5] $\gamma = \boldsymbol{\delta}_G$ für ein $G \in \mathfrak{G}$ heißt *deterministisch*, andernfalls nennen wir γ *echt randomisiert*. ◆

Statt Population verwendet man auch die Bezeichnung *Grundgesamtheit*, während eine randomisierte Population in der Literatur häufig auch *Superpopulation* genannt wird. Eine deterministische Population $\boldsymbol{\delta}_G$ identifizieren wir mit dem zugehörigen Massepunkt G selbst und nennen dann[6] $\mathfrak{R}_0 := \mathrm{dom}(G)$ *Menge der Merkmalsträger* und G, interpretiert als Abbildung $G : \mathfrak{R}_0 \to \mathfrak{Y}$, auch *Merkmal*. Gelegentlich betrachtet man einen Produktraum $\mathfrak{X} \times \mathfrak{Y}$ als Zustandsraum und nennt dann z. B. $\mathrm{pr}_{\mathfrak{X}} \circ G$ *Hilfs-* und $\mathrm{pr}_{\mathfrak{Y}} \circ G$ *Untersuchungsvariable.* Man beachte auch, dass der Sonderfall der *leeren Population* entsprechend der Mengendefinition von $\mathfrak{G}$ in (1.1) nicht ausgeschlossen ist.

Die Registermenge mit ihrer aus dem Anwendungskontext natürlich gegebenen Struktur stellt also den Rahmen der Merkmalsträger dar. Während in dem Eingangsbeispiel 1.1 lediglich eine endliche Registermenge

[4] Zum Funktionsbegriff vergleiche man Definition A.1 (Seite 85).

[5] Mit $\boldsymbol{\delta}_a$ bezeichnen wir das *Dirac-Maß* im Punkt a.

[6] Für eine Funktion $F \subset \mathfrak{X} \times \mathfrak{Y}$ bezeichnet $\mathrm{dom}(F)$ den Definitionsbereich von F (vgl. Definition A.1, Seite 85).

$\{1,...,N\}$ auftrat, deren übliche Wohlordnung ggf. verwendet wird,[7] ist es häufig auch eine räumliche oder zeitliche Struktur der Merkmalsträger, die mit der Registermenge codiert wird. Zusammen mit den Ausprägungen formt sie letztendlich die zu untersuchende Population.

Gelegentlich interessiert eine weitere sehr wichtige kanonische „Ausstattung" der Registermenge bzw. der Menge der Merkmalsträger. Sie ist durch ein Maß gegeben. Wir betrachten dazu nur die beiden wesentlichen Fälle $0 < |\mathrm{R}| < \infty$ sowie $\mathrm{R} \in \mathscr{B}(\mathbb{R}^n)$ mit $0 < \boldsymbol{\lambda}^n(\mathrm{R}) < \infty$. Damit definieren wir nun

$$\boldsymbol{\eta} := \boldsymbol{\eta}_{\mathrm{R}} := \begin{cases} \boldsymbol{\zeta}, & \text{falls } 0 < |\mathrm{R}| < \infty \\ \boldsymbol{\lambda}^n|_{\mathrm{R}}, & \text{falls } \mathrm{R} \in \mathscr{B}(\mathbb{R}^n) \text{ und } 0 < \boldsymbol{\lambda}^n(\mathrm{R}) < \infty \end{cases}$$

und nennen $\boldsymbol{\eta}$ *Registermaß*. Ist $\boldsymbol{\eta}$ zur Menge der Merkmalsträger R_0 definiert, so verwenden wir dann außerdem die *Gleichverteilung* $\mathbf{U}_{\mathrm{R}_0} := \frac{1}{\boldsymbol{\eta}(\mathrm{R}_0)} \cdot \boldsymbol{\eta}$ und nennen das Bildmaß davon unter einer deterministischen Population *G Merkmalsverteilung*.

Bei dem folgenden Beispiel handelt es sich nun um einen Fall, bei dem wir die Registermenge lediglich im Zusammenhang mit dem zugehörigen Registermaß verwenden.

1.3 Beispiel (Fehlertheorie) Messungen physikalischer Größen sind aufgrund von *unzählbaren* Einflüssen außerhalb unserer Wahrnehmung stets fehlerbehaftet. Jede Messung lässt sich also als ein Element einer Population auffassen, wie sie zum Beispiel durch $G :]a,b[\to \mathbb{R}$ gegeben ist. Eine solche Population wird dann insofern untersucht, als dass die Verteilung um den wahren Wert der physikalischen Größe $G \,\square\, \boldsymbol{\eta}_{]a,b[}$ interessiert.

Wir können uns dabei auf die Betrachtung des Intervalls $]a,b[:=]0,1[$ als Registermenge beschränken. Ferner geht man häufig davon aus, dass die Messung durch Elementarfehler verfälscht ist, die sich additiv überlagern, voneinander unabhängig und für den Totalfehler jeweils nahezu gleichbedeutend sind. Somit ist nach dem Zentralen Grenzwertsatz eine solche Messung annähernd normalverteilt. Wir bezeichnen im Folgenden mit $\mathbf{N}(\mu,\sigma^2)$ die *Normalverteilung* mit Erwartungswert $\mu \in \mathbb{R}$ und Varianz $\sigma^2 \in]0,\infty[$.

Beschreibt F_P^{-1} die *Quantilfunktion* einer Verteilung $P \in \mathrm{Prob}(\mathbb{R})$, so ist schließlich die Messung der physikalischen Größe μ als eine „zufällige"

[7] Wir konkretisieren diesen Gedanken in einem einführenden Absatz in Abschnitt 1.2.

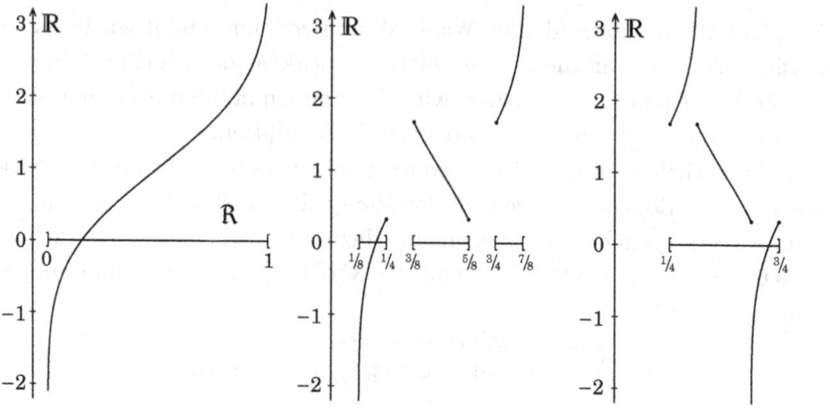

Abbildung 1.1: Drei Populationen, deren Merkmale identisch normalverteilt sind mit $\mu = \sigma = 1$. Links: Population G aus (1.2). Mitte: Population G' aus (1.3). Rechts: Population G'' aus (1.4).

Auswahl eines Elementes aus der (deterministischen) Population

$$G := \left\{\left(u, \mathrm{F}^{-1}_{\mathbf{N}(\mu,\sigma^2)}(u)\right) : u \in \,]0,1[\right\} \tag{1.2}$$

in der Registermenge $\mathfrak{R} = \,]0,1[$ mit dem Zustandsraum $\mathfrak{Y} = \mathbb{R}$ formalisierbar. Hier ist jedes Element $r \in \,]0,1[$ Merkmalsträger und es gilt $G \square \boldsymbol{\lambda}|_{]0,1[} = \mathbf{N}(\mu,\sigma^2)$.

Genauso sind mit $H(u) := \mathrm{F}^{-1}_{\mathbf{N}(\mu,\sigma^2)}\left(2(u - 1/4)\right)$ für $u \in \,]1/4, 3/4[$ und $\mathfrak{R}_0 := \,]1/8, 1/4] \cup [3/8, 5/8] \cup [3/4, 7/8[$ auch

$$G'(u) := \begin{cases} H(u + 1/8), & \text{falls } u \in \left]1/8, 1/4\right] \\ H(3/8) + H(5/8) - H(u), & \text{falls } u \in \left[3/8, 5/8\right] \\ H(u - 1/8), & \text{falls } u \in \left[3/4, 7/8\right[\end{cases} \tag{1.3}$$

sowie

$$G''(u) := \begin{cases} G'(u + 1/2), & \text{falls } u \in \left[1/4, 3/8\right[\\ G'(u), & \text{falls } u \in \left[3/8, 5/8\right] \\ G'(u - 1/2), & \text{falls } u \in \left]5/8, 3/4\right] \end{cases} \tag{1.4}$$

Populationen in $\mathfrak{G}(]0,1[, \mathbb{R})$, deren Merkmale identisch normalverteilt sind, d. h.

$$G \square \mathbf{U}_{]0,1[} = G' \square \mathbf{U}_{\mathfrak{R}_0} = G'' \square \mathbf{U}_{[1/4,3/4]} = \mathbf{N}(\mu,\sigma^2).$$

Abbildung 1.1 skizziert diese drei Populationen für den Fall $\mu = \sigma = 1$. ◆

Beispiele, bei denen die Registermengenstruktur als eine räumliche interpretiert wird, sind z. B. die bei Waldinventuren formulierten Populationen. Je nach Untersuchungsziel sind diese dann unterschiedlich zu wählen.

1.4 Beispiel (Waldinventur) Als eine interessierende Landfläche, die ein Waldgebiet darstellt, denken wir uns eine Menge der Ebene wie z. B. $\mathfrak{R} := [a,b] \times [c,d] \subset \mathbb{R}^2$. Ein gängiges Merkmal bei der forstwirtschaftlichen Bestandsaufnahme ist der *Brusthöhendurchmesser*[8] (BHD) eines Baumes. Idealisieren wir jeden Baum zu einem Punkt, so sei $\mathfrak{R}_0 \subset \mathfrak{R}$ genau die Menge aller dieser Punkte, also die Koordinaten der in $\mathfrak{R}$ stehenden Bäume. Dabei ist offensichtlich von $|\mathfrak{R}_0| < \infty$ auszugehen. Als Waldpopulation betrachten wir dann die Grundgesamtheit

$$G := \left\{ \left(r, Y(r)\right) : r \in \mathfrak{R}_0 \right\}$$

in $\mathfrak{R}$ mit dem Zustandsraum $\mathfrak{Y} =]0,\infty[$, wobei $Y(r)$ für den BHD des Baumes mit dem Koordinatenpaar r stehe. ◆

Gelegentlich interessiert man sich für die räumliche Verteilungsstruktur eines Waldbestandes und interpretiert den Waldbestand selbst als Realisation einer Verteilung. Wir erweitern jetzt das vorangegangene Beispiel, indem wir mit G allgemein ein zufälliges endliches Punktfeld in $\mathfrak{R} \times \mathfrak{Y}$ betrachten. Wir haben damit ein Beispiel für eine randomisierte Population.

1.5 Beispiel (Waldinventur) Wieder repräsentiere $\mathfrak{R} := [a,b] \times [c,d] \subset \mathbb{R}^2$ das interessierende Waldgebiet, wobei die Bäume nach dem Merkmal BHD unterschieden werden. Bezeichnen wir mit

$$\mathfrak{G}_e(\mathfrak{R}, \mathfrak{Y}) := \{ G \subset \mathfrak{R} \times \mathfrak{Y} : |G| < \infty, G \text{ Funktion} \}$$

die Menge aller endlichen Funktionen in $\mathfrak{R} \times \mathfrak{Y}$, so betrachten wir nun darauf die σ-Algebra

$$\mathscr{E}_{\mathfrak{G}_e} := \sigma(\{ G \in \mathfrak{G}_e(\mathfrak{R}, \mathfrak{Y}) : G \cap U \neq \emptyset \} : U \text{ offen}).$$

Sei ferner $(\Omega, \mathscr{A}, P)$ ein Wahrscheinlichkeitsraum, so interpretieren wir eine Zufallsgröße

$$\Psi : (\Omega, \mathscr{A}, P) \to \left(\mathfrak{G}_e(\mathfrak{R}, \mathfrak{Y}), \mathscr{E}_{\mathfrak{G}_e} \right)$$

[8]Der Brusthöhendurchmesser ist der Durchmesser eines Baumstammes in 1,3 Meter Höhe.

als eine randomisierte (Wald-)Population im Register $\mathfrak{R}$ mit Zustandsraum $\mathfrak{Y} =]0,\infty[$. Solche Zufallsgrößen heißen auch *Punktprozesse*.[9] ◆

Mit dem Begriff Population haben wir in diesem Abschnitt eines der grundlegendsten Objekte der Stichprobentheorie präzisiert. Mit ihm lässt sich einerseits die Merkmalsverteilung und somit die Zufallsstruktur der interessierenden Erscheinung beschreiben. Andererseits enthält er durch die Registerstruktur Informationen zur Anordnung der Merkmalsträger. Letzteres ist von entscheidender Bedeutung für mögliche und geplante Ziehungsmechanismen bzw. für das Entstehungsmuster der uns bereits vorliegenden, unkontrollierten Auswahl von Populationselementen.

1.2 Stichproben und deren Design

Wir lassen uns nun von der noch etwas unklaren Vorstellung leiten, dass eine Stichprobe stets einen Teil der Population darstellt. Anscheinend unzählige Möglichkeiten liefern Stichproben auf unterschiedlichste Weise. Im Beispiel 1.1 bietet sich mit der n-fachen zufälligen und unabhängigen Auswahl eines Elementes der deterministischen Population G eine sehr elementare Methode an, eine Stichprobe zu erzeugen. Hierbei kann jedoch auch ein und dasselbe Element mehrfach gezogen werden. Eine andere einfache und bekannte Konstruktionsvariante erhält man durch das Ausnutzen der Wohlordnung der Registermenge $\{1,...,N\}$. So steht die systematische Befragung jedes k-ten Haushaltes mit zufälligem Startwert $k_0 \leq k$ für eine besonders bequeme Erhebungsmethode. Für die Praxis sind dabei noch gewisse Modifikationen zu berücksichtigen, wie z. B. eine aus Kostengründen gewählte Beschränkung auf eine maximale Anzahl an Stichprobenelementen.

Ein Teil dieser kurzen Einführung erklärt, dass wir nun unter einer *realisierten Stichprobe* aus einer deterministischen Population G eine Funktion in dem Produktraum $G \times \mathbb{N}$ verstehen wollen. Die Hinzunahme des Faktors $\mathbb{N}$ erhält seine Bedeutung in den Fällen, wo eine wiederholte Auswahl desselben Elementes möglich ist. Sei $\mathfrak{S}_G \subset \mathfrak{G}(G,\mathbb{N})$ eine Menge von (zuzulassenden) realisierten Stichproben, auf der wir eine σ-Algebra $\mathcal{S}_G$ betrachten, so sind doch die $\mathfrak{S}_G$-wertigen Zufallsgrößen und ihre Verteilungen

[9] Vgl. Abschnitt B.2, Seite 106 ff.

das, was wir uns unter einer *(zufälligen) Stichprobenwahl* aus G vorstellen und mit denen wir arbeiten müssen.

Im Folgenden geht es um allgemeinere Begriffsbildungen. Wir definieren hierfür zunächst einen ganz zentralen Begriff der Stichprobentheorie.[10]

1.6 Definition Seien $\Delta \subset \mathfrak{G}(\mathfrak{R},\mathfrak{Y})$ nichtleer, $\mathscr{F}$ eine σ-Algebra darauf sowie $\mathfrak{S} \subset 2^{\mathfrak{R}\times\mathfrak{Y}\times\mathbb{N}}$ mit einer σ-Algebra $\mathscr{S}$ ausgestattet. Ein Markov-Kern q von $(\Delta,\mathscr{F})$ nach $(\mathfrak{S},\mathscr{S})$ heißt $\mathfrak{S}$-wertiges *Stichprobendesign* für $(\Delta,\mathscr{F})$, falls für jedes $G \in \Delta$ die Menge[11] $\mathfrak{G}(G,\mathbb{N}) \cap \mathfrak{S}$ eine $q(G,\cdot)$-sichere Menge ist. Die Menge aller solcher Stichprobendesigns bezeichnen wir mit $\mathrm{Samp}(\Delta,\mathscr{F})$. ◆

Mit einem Stichprobendesign wird also die zufällige Konstruktion einer Stichprobe in messbarer Abhängigkeit von der deterministischen Population G beschrieben. Die Messbarkeit bezieht sich dabei auf den Messraum $(\Delta,\mathscr{F})$, den wir im Folgenden *Populationsklasse* nennen.[12] Auf den Messraum $(\mathfrak{S},\mathscr{S})$ gehen wir später ein.

Für den Moment seien $(\mathfrak{X},\mathscr{A})$ und $(\mathfrak{Y},\mathscr{B})$ zwei Messräume, P eine Verteilung auf $\mathfrak{X}$ und K ein Kern von $\mathfrak{X}$ nach $\mathfrak{Y}$, so interpretieren wir im Folgenden die zweite Randverteilung

$$K \,\square\, P := \int_{\mathfrak{X}} K(x,\cdot)P(\mathrm{d}x)$$

als *Bild* von P unter K. Diese Auffassung, Bezeichnung und Notation rechtfertigt sich dadurch, dass im Fall eines deterministischen Kerns $\boldsymbol{\delta}_T$ mit einer messbaren Abbildung T von $\mathfrak{X}$ nach $\mathfrak{Y}$ schließlich $\boldsymbol{\delta}_T \,\square\, P = T \,\square\, P$ gilt. Wir erhalten somit eine Fortsetzung der üblichen Bildmaßbildung $\cdot \,\square\, P$ von der Menge aller messbaren Abbildungen auf die Menge aller Kerne jeweils von $\mathfrak{X}$ nach $\mathfrak{Y}$.

1.7 Definition Seien $(\Delta,\mathscr{F})$ eine Populationsklasse, $\gamma \in \mathrm{Prob}(\Delta,\mathscr{F})$ eine Population und $q \in \mathrm{Samp}(\Delta,\mathscr{F})$, so heißt $q \,\square\, \gamma$ *Stichprobenwahl* aus γ unter q. ◆

Statt mit der Verteilung $q \,\square\, \gamma$ arbeitet man auch mit Zufallsgrößen $S \sim q \,\square\, \gamma$, die wir dann *nichtrealisierte Stichprobe* nennen, während $s \in \mathfrak{S}$

[10] Wir verwenden im Folgenden die Bezeichnungen: Ist μ ein Maß auf einem Messraum $(\mathfrak{X},\mathscr{B})$, so heißt ein $M \subset \mathfrak{X}$ *μ-Nullmenge*, falls ein $N \in \mathscr{B}$ existiert mit $M \subset N$ und $\mu(N) = 0$. Für eine Verteilung P auf $(\mathfrak{X},\mathscr{B})$ heißt dementsprechend $M \subset \mathfrak{X}$ *P-sichere Menge*, falls M^{c} eine P-Nullmenge ist.

[11] Wir identifizieren ein Paar $((x,y),z)$ bzw. $(x,(y,z))$ mit dem Tripel (x,y,z).

[12] Wie auch bei Messräumen allgemein üblich schreiben wir kurz Δ, sofern klar ist, welche σ-Algebra gemeint ist, oder kein Bedarf am Konzept der Messbarkeit besteht.

realisierte Stichprobe heißt.[13] Den Messraum $(\mathfrak{S}, \mathcal{S})$, auf dem die Stichprobenwahl $q \boxdot \gamma$ lebt, bezeichnet man ferner als *Stichprobenraum*.

Eine Stichprobe $S \sim q \boxdot \gamma$ bzw. deren Stichprobenwahl $q \boxdot \gamma$ heißt *einfach*, falls $S \in \{A \times \{1\} : A \subset \mathfrak{R} \times \mathfrak{Y}\}$ fast sicher bzw. $\{A \times \{1\} : A \subset \mathfrak{R} \times \mathfrak{Y}\}$ eine $q \boxdot \gamma$-sichere Menge ist.[14] Außerdem nennen wir ein Stichprobendesign q *einfach*, falls $q(G, \cdot) = q \boxdot \boldsymbol{\delta}_G$ für jedes $G \in \Delta$ einfach ist. Wir sind dann häufig in der Lage, uns auf einen entsprechend einfacheren Stichprobenraum $\mathfrak{S}' \subset 2^{\mathfrak{R} \times \mathfrak{Y}}$ mit einer σ-Algebra $\mathcal{S}'$ darauf zu beschränken. Das Stichprobendesign betrachten wir schließlich als ein $\mathfrak{S}'$-wertiges.

Das primitivste Beispiel für ein Stichprobendesign ist die *Inventur*. Sie ist jedoch eher eine entartete Form der Stichprobenziehung und verdient den Namen eigentlich nicht.

1.8 Beispiel (Vollerhebung) Für jede Populationsklasse Δ ist mit $\mathbf{v}_\Delta(G, \cdot) := \boldsymbol{\delta}_{G \times \{1\}}$ für $G \in \Delta$ ein $\{G \times \{1\} : G \in \Delta\}$-wertiges Stichprobendesign definiert. Es beschreibt eine vollständige Bestandsaufnahme der Population und heißt daher *Vollerhebung* beziehungsweise *Inventur*. Nach Definition ist $\mathbf{v}_\Delta$ einfach, so dass dieses im Folgenden als Δ-wertiges Stichprobendesign betrachtet wird. ◆

Für Dirac-Verteilungen ist trivialerweise jede Menge messbar, so dass man in dem eben notierten Beispiel genauso auch $\left(2^{\mathfrak{R} \times \mathfrak{Y} \times \mathbb{N}}, 2^{2^{\mathfrak{R} \times \mathfrak{Y} \times \mathbb{N}}}\right)$ als Stichprobenraum betrachten kann. Um jedoch auch atomfreie Stichprobenwahlen auf einem Stichprobenraum $(\mathfrak{S}, \mathcal{S})$ wählen zu können, wollen wir uns nun auf ein Mengensystem $\mathfrak{S} \subset 2^{\mathfrak{R} \times \mathfrak{Y} \times \mathbb{N}}$ zurückziehen, auf dem eine hinreichend starke (topologische) Struktur eingeführt werden kann.

Wir betrachten deshalb, sofern nichts anderes gesagt wird, für den gesamten weiteren Verlauf der Arbeit mit $(\mathfrak{R}, \mathcal{T}_\mathfrak{R})$ und $(\mathfrak{Y}, \mathcal{T}_\mathfrak{Y})$ lokalkompakte Hausdorff-Räume mit abzählbarer Basis.[15] Dann ist $(\mathfrak{R} \times \mathfrak{Y} \times \mathbb{N}, \mathcal{T}_\mathfrak{R} \otimes \mathcal{T}_\mathfrak{Y} \times 2^{\mathbb{N}})$ nach Korollar A.8 (Seite 90) wieder ein LKHA-Raum, welcher als polnischer Raum insbesondere metrisierbar ist (vgl. Lemma A.5, Seite 90). Als eine sowohl wichtige als auch praktische Wahl für einen Stichprobenraum wird sich das System aller kompakten Teilmengen von $\mathfrak{R} \times \mathfrak{Y} \times \mathbb{N}$ erweisen, das

[13]Den sich auf eine Stichprobe beziehenden Zusatz „realisiert" bzw. „nichtrealisiert" vernachlässigen wir, wenn sich aus dem Kontext ergibt, was gemeint ist.

[14]Ist $X : (\Omega, \mathcal{A}, P) \to (\mathfrak{X}, \mathcal{B})$ eine Zufallsgröße und $M \subset \mathfrak{X}$, so schreiben wir $X \in M$ *P-fast sicher*, falls $\{X \in M\}$ eine P-sichere Menge ist (vgl. Fußnote 10, Seite 15).

[15]Wir schreiben für topologische Räume dieser Art das Kürzel: LKHA-Raum.

wir mit $\mathbb{K} = \mathbb{K}(\mathbb{R} \times \mathfrak{Y} \times \mathbb{N})$ bezeichnen. Hierauf finden wir mit

$$\mathcal{T}_{\mathbf{F}} \cap \mathbb{K} := \tau\Big(\big\{\{K \in \mathbb{K} : K \cap G \neq \emptyset\} : G \text{ offen}\big\} \cup \big\{\{K \in \mathbb{K} : K \cap H = \emptyset\} : H \text{ kompakt}\big\}\Big)$$

eine polnische Topologie derart, dass gewisse kanonische Abbildungen hinsichtlich des zugehörigen polnischen Messraums $(\mathbb{K}, \mathcal{B}(\mathcal{T}_{\mathbf{F}} \cap \mathbb{K}))$ messbar sind. Für $\mathcal{B}(\mathcal{T}_{\mathbf{F}} \cap \mathbb{K})$ schreiben wir auch $\mathcal{E}_{\mathbb{K}}$. Eine entsprechende auf diese Arbeit ausgerichtete Darstellung der Eigenschaften von $(\mathbb{K}, \mathcal{T}_{\mathbf{F}} \cap \mathbb{K})$ bzw. $(\mathbb{K}, \mathcal{E}_{\mathbb{K}})$ sowie der Theorie zufälliger Mengen findet sich in den Anhängen A und B.

Viele einfache Beispiele sind die sogenannten *nichtadaptiven* Stichprobendesigns für $(\mathbb{R}^N, \mathcal{B}(\mathbb{R}^N))$, welche mit einer Verteilung Q auf $\mathbb{K}(\{1,\ldots,N\} \times \mathbb{N})$ schließlich durch

$$q(G,\cdot) := \Big(\mathbb{K}(\{1,\ldots,N\} \times \mathbb{N}) \ni B \mapsto \big\{\big(r, G(r), n\big) : (r,n) \in B\big\}\Big) \,\square\, Q \qquad (G \in \mathbb{R}^N)$$

gegeben sind. Die dabei notwendigen Messbarkeitsüberlegungen klären wir mit:

1.9 Lemma Sei $\mathbb{R} := \{1,\ldots,N\}$, so ist die Abbildung

$$\begin{array}{rccc} T: & \big(\mathbb{R}^N \times \mathbb{K}(\mathbb{R} \times \mathbb{N}), \mathcal{T}_{\|\cdot\|} \otimes (\mathcal{T}_{\mathbf{F}} \cap \mathbb{K})\big) & \to & \big(\mathbb{K}(\mathbb{R} \times \mathbb{R} \times \mathbb{N}), \mathcal{T}_{\mathbf{F}} \cap \mathbb{K}\big) \\ & (G,B) & \mapsto & \big\{\big(r, G(r), n\big) : (r,n) \in B\big\} \end{array} \qquad (1.5)$$

stetig, also insbesondere messbar bezüglich $\mathcal{B}(\mathbb{R}^N) \otimes \mathcal{E}_{\mathbb{K}}(\mathbb{R} \times \mathbb{N})$ und $\mathcal{E}_{\mathbb{K}}(\mathbb{R} \times \mathbb{R} \times \mathbb{N})$. ◆

Beweis: Wir zeigen die Folgenstetigkeit[16] der Abbildung

$$\begin{array}{rccc} \varphi: & \mathbb{R}^N \times \mathbb{K}(\mathbb{R}) & \to & \mathbb{K}(\mathbb{R}) \\ & (G,B) & \mapsto & \{G(r) : r \in B\} \end{array}$$

und verwenden dabei die $\mathcal{T}_{\mathbf{F}}$-Konvergenzcharakterisierung von Satz A.16 (Seite 93).[17] Die Stetigkeit von T überlegt man sich dann genauso.

Seien nun $(G,B) \in \mathbb{R}^N \times \mathbb{K}(\mathbb{R})$ und $(G_n, B_n)_{n \in \mathbb{N}}$ eine $\mathcal{T}_{\|\cdot\|} \otimes (\mathcal{T}_{\mathbf{F}} \cap \mathbb{K})$-konvergente Folge in $\mathbb{R}^N \times \mathbb{K}(\mathbb{R})$ mit $(G_n, B_n) \to (G,B)$ für $n \to \infty$.

---

[16] Beachte: $\mathcal{T}_{\mathbf{F}} \cap \mathbb{K}$ und somit auch $\mathcal{T}_{\|\cdot\|} \otimes (\mathcal{T}_{\mathbf{F}} \cap \mathbb{K})$ sind metrisierbar.

[17] Vgl. hierbei auch die anschließende Bemerkung A.17.

Wir wählen ein $y \in \varphi(G,B)$, zu dem es offensichtlich ein $r \in B$ gibt, so dass $G(r) = y$. Dann existiert nach Satz A.16 eine Folge $(r_n)_{n\in\mathbb{N}}$ in $\mathfrak{R}$ und ein $N \in \mathbb{N}$ mit $r_n \in B_n$ für alle $n \geq N$, so dass $r_n \to r$ für $n \to \infty$ gilt. Man beachte ferner die gleichmäßige Konvergenz der Abbildungen $G_n : \{1,...,N\} \to \mathbb{R}$ für $n \in \mathbb{N}$, so dass schließlich $y_n := G_n(r_n) \to G(r) = y$ für $n \to \infty$ folgt. Dabei ist $y_n \in \varphi(G_n,B_n)$ für $n \geq N$. Damit gilt zunächst Teil (a') des Teils (iii) von Satz A.16.

Sei jetzt $\left(\varphi(G_{n_k},B_{n_k})\right)_{k\in\mathbb{N}}$ eine Teilfolge sowie $(y_{n_k})_{k\in\mathbb{N}}$ eine konvergente Folge in $\mathbb{R}$ mit $y_{n_k} \in \varphi(G_{n_k},B_{n_k})$ für $k \in \mathbb{N}$. Dann existieren $(r_{n_k})_{k\in\mathbb{N}}$ mit $r_{n_k} \in B_{n_k}$ für $k \in \mathbb{N}$, so dass $G_{n_k}(r_{n_k}) = y_{n_k}$ für $k \in \mathbb{N}$ ist. Ferner existiert eine konvergente Teilfolge $(r_{n_{k_j}})_{j\in\mathbb{N}}$ der Folge $(r_{n_k})_{k\in\mathbb{N}}$ in $\mathfrak{R}$ und wegen der $\mathcal{T}_{\mathbf{F}}$-Konvergenz von $(B_n)_{n\in\mathbb{N}}$ sowie Satz A.16 (b') gilt $r := \lim_{j\to\infty} r_{n_{k_j}} \in B$. Die gleichmäßige Konvergenz der $(G_n)_{n\in\mathbb{N}}$ liefert wieder $G_{n_{k_j}}(r_{n_{k_j}}) \to G(r) \in \varphi(G,B)$ für $j \to \infty$. Wegen der Eindeutigkeit des Grenzwertes ist $\lim_{k\to\infty} y_{n_k} = G(r) \in \varphi(G,B)$. Damit haben wir Teil (b') des Teils (iii) von Satz A.16.

Insgesamt erhalten wir $\varphi(G_n,B_n) \to \varphi(G,B)$ für $n \to \infty$. ■

Zwei denkbar einfache Möglichkeiten, eine Stichprobe zu erhalten, basieren auf einer festen Anzahl an Zügen von Merkmalsträgern. Die gezogenen Merkmalsträger werden dabei entweder bei jedem weiteren Zug erneut berücksichtigt (Urnenmodell mit Zurücklegen), oder nicht (Urnenmodell ohne Zurücklegen). Für die Stichprobe beobachtet man schließlich daneben noch die zugehörigen Merkmalsausprägungen. Diese beiden zufälligen Stichprobenkonstruktionen gehören zu den einfachsten Beispielen für ein (nichtadaptives) Stichprobendesign.

1.10 Beispiel (Urnenmodell mit Zurücklegen) Aus der endlichen und bekannten Menge an Merkmalsträgern $\mathfrak{R} := \{1,...,N\}$ ziehen wir n-mal zufällig. Die gezogenen Elemente werden jeweils wieder zurückgelegt. Berücksichtigen wir dabei die Reihenfolge der Elemente, so wird diese Zufallsbeobachtung gerade durch den Wahrscheinlichkeitsraum $(\mathfrak{R}^n, 2^{\mathfrak{R}^n}, \mathbf{U}_{\mathfrak{R}^n})$ beschrieben.

Mit der trivialerweise messbaren Abbildung

$$\begin{array}{rccc} S: & (\mathfrak{R}^n, 2^{\mathfrak{R}^n}, \mathbf{U}_{\mathfrak{R}^n}) & \to & \left(\mathfrak{K}(\mathfrak{R}\times\mathbb{N}), \mathscr{E}_{\mathfrak{K}}(\mathfrak{R}\times\mathbb{N})\right) \\ & (r_1,...,r_n) & \mapsto & \left\{\left(r_i, \sum_{j=1}^n \mathbb{1}_{\{r_i\}}(r_j)\right) : 1 \leq i \leq n\right\} \end{array}$$

und mit T wie in (1.5) definieren wir für $(G,C) \in \mathbb{R}^N \times \mathscr{E}_{\mathrm{K}}(\mathrm{R} \times \mathbb{R} \times \mathbb{N})$

$$\mathbf{u}_{\mathrm{MZ}(n)}(G,C) := \big(T(G,\cdot) \square (S \square \mathbf{U}_{\mathrm{R}^n})\big)(C). \tag{1.6}$$

Dann ist $\mathbf{u}_{\mathrm{MZ}(n)}(G,\cdot)$ eine Verteilung auf $\big(\mathrm{K}(G \times \mathbb{N}), \mathscr{E}_{\mathrm{K}}(G \times \mathbb{N})\big)$ und damit eine Stichprobenwahl von G unter $\mathbf{u}_{\mathrm{MZ}(n)}$ gegeben. Ferner ist nach Lemma 1.9 $\mathbf{u}_{\mathrm{MZ}(n)}$ ein Stichprobendesign für die Populationskasse $\big(\mathbb{R}^N, \mathscr{B}(\mathbb{R}^N)\big)$. Gelegentlich werden dabei auch randomisierte Populationen wie die multivariate Normalverteilung $\mathbf{N}(\mu,\Sigma)$ betrachtet, mit $\mu \in \mathbb{R}^N$ und $\Sigma \in \mathbb{R}^{N\times N}$ positiv semidefinit. Aus dieser wird dann mit $\mathbf{u}_{\mathrm{MZ}(n)} \square \mathbf{N}(\mu,\Sigma)$ eine Stichprobenwahl unter $\mathbf{u}_{\mathrm{MZ}(n)}$ beschrieben. ◆

1.11 Beispiel (Urnenmodell ohne Zurücklegen) Wir betrachten die Registermenge $\mathrm{R} = \{1,\dots,N\}$ und ziehen aus ihr n-mal zufällig, wobei $n \le N$ sei. Die gezogenen Elemente werden jeweils nicht zurückgelegt. Wir schreiben im Folgenden $\mathfrak{X}^n_{\neq} := \{x \in \mathfrak{X}^n : x_i \neq x_j \ \forall i,j,\ i \neq j\}$ für die n-Tupel mit paarweise verschiedenen Komponenten aus R. Analog zum Beispiel 1.10 beginnen wir dann mit dem Modell $(\mathrm{R}^n, 2^{\mathrm{R}^n}, \mathbf{U}_{\mathrm{R}^n_{\neq}})$ und betrachten entsprechend

$$\begin{array}{rcl} S: \ (\mathrm{R}^n, 2^{\mathrm{R}^n}, \mathbf{U}_{\mathrm{R}^n_{\neq}}) & \to & (\mathrm{K}(\mathrm{R} \times \mathbb{N}), \mathscr{E}_{\mathrm{K}}(\mathrm{R} \times \mathbb{N})) \\ (r_1,\dots,r_n) & \mapsto & \big\{(r_i, \sum_{j=1}^n \mathbb{1}_{\{r_i\}}(r_j)) : 1 \le i \le n\big\}. \end{array}$$

Hier gilt offensichtlich $S(r) = \{r_i : 1 \le i \le n\} \times \{1\}$ für jedes $r \in \mathrm{R}^n_{\neq}$ und damit $\mathbf{U}_{\mathrm{R}^n_{\neq}}$-fast sicher. Wir können unsere Betrachtungen deshalb[18] auf

$$\begin{array}{rcl} S: \ (\mathrm{R}^n_{\neq}, 2^{\mathrm{R}^n_{\neq}}, \mathbf{U}_{\mathrm{R}^n_{\neq}}) & \to & (\mathrm{K}(\mathrm{R}), \mathscr{E}_{\mathrm{K}}(\mathrm{R})) \\ (r_1,\dots,r_n) & \mapsto & \big\{r_i : 1 \le i \le n\big\} \end{array}$$

reduzieren. Für jedes $G \in \mathbb{R}^N$ ist dann

$$\mathbf{u}_{\mathrm{OZ}(n)}(G,\cdot) := \Big(\mathrm{K}(\mathrm{R}) \ni B \mapsto \big\{\big(r, G(r)\big) : (r,n) \in B\big\}\Big) \square (S \square \mathbf{U}_{\mathrm{R}^n_{\neq}}), \tag{1.7}$$

eine Verteilung auf $\big(\mathrm{K}(G), \mathscr{E}_{\mathrm{K}}(G)\big)$ und mit analogen Überlegungen wie im Beweis von Lemma 1.9 ergibt sich, dass $\mathbf{u}_{\mathrm{OZ}(n)}$ ein Stichprobendesign für

[18] Ausführlicher für einen allgemeinen LKHA-Raum $(\mathrm{R}, \mathscr{T}_{\mathrm{R}})$: Zunächst sind $\{\{1\}\} \in \mathscr{E}_{\mathrm{K}}(\mathbb{N})$, $\mathrm{K}(\mathrm{R}) \in \mathscr{E}_{\mathrm{K}}(\mathrm{R})$ (vgl. Lemma A.24, Seite 97), also $\mathrm{K}(\mathrm{R}) \times \{\{1\}\} \in \mathscr{E}_{\mathrm{K}}(\mathrm{R}) \otimes \mathscr{E}_{\mathrm{K}}(\mathbb{N})$. Die Messbarkeit der Abbildung $\varphi : \mathrm{K}(\mathrm{R} \times \mathbb{N}) \to \mathrm{K}(\mathrm{R}) \times \mathrm{K}(\mathbb{N})$ mit $B \mapsto (\mathrm{pr}_{\mathrm{R}}(B), \mathrm{pr}_{\mathbb{N}}(B))$ liefert $\mathfrak{S} := \{A \times \{1\} : A \in \mathrm{K}(\mathrm{R})\} = \varphi^{-1}(\mathrm{K}(\mathrm{R}) \times \{\{1\}\}) \in \mathscr{E}_{\mathrm{K}}(\mathrm{R} \times \mathbb{N})$. Wegen $S \in \mathfrak{S}$ $\mathbf{U}_{\mathrm{R}^n_{\neq}}$-fast sicher existiert ein $S' : \mathrm{R}^n \to \mathrm{K}(\mathrm{R} \times \mathbb{N})$ mit $S' = S$ $\mathbf{U}_{\mathrm{R}^n_{\neq}}$-fast sicher und $S'(\mathrm{R}^n) \subset \mathfrak{S}$. Nach Lemma A.23 können wir S' als Abbildung nach $(\mathfrak{S}, \mathscr{E}_{\mathrm{K}}(\mathrm{R} \times \mathbb{N}) \cap \mathfrak{S}) \cong (\mathrm{K}(\mathrm{R}), \mathscr{E}_{\mathrm{K}}(\mathrm{R}))$ betrachten.

$(\mathbb{R}^N, \mathscr{B}(\mathbb{R}^N))$ ist. Damit ist zum Beispiel $\mathbf{u}_{OZ(n)}(G,\cdot)$ eine Stichprobenwahl aus G bzw. $\mathbf{u}_{OZ(n)} \,\Box\, \mathbf{N}(\mu,\Sigma)$ eine Stichprobenwahl aus der multivariaten Normalverteilung $\mathbf{N}(\mu,\Sigma)$ auf $\mathbb{R}^N$ jeweils unter dem Stichprobendesign $\mathbf{u}_{OZ(n)}$. ◆

Bei den beiden voranstehenden Beispielen haben wir jeweils eine endliche Population betrachtet. Analoge Überlegungen in der Situation einer überabzählbaren unendlichen Population ergeben, dass der Zusatz „mit Zurücklegen" beziehungsweise „ohne Zurücklegen" belanglos ist. Dies ist Inhalt des nächsten Beispiels, für das wir die folgende kleine Überlegung vorwegnehmen.

1.12 Lemma Sei $\mathrm{R} :=]0,1[^m$, so ist mit der Abbildung

$$S:\ \begin{array}{ccc} \left(\mathrm{R}^n, \mathscr{B}(\mathrm{R}^n), \mathbf{U}_{\mathrm{R}^n}\right) & \to & \left(\mathrm{K}(\mathrm{R}\times\mathbb{N}), \mathscr{E}_{\mathrm{K}}(\mathrm{R}\times\mathbb{N})\right) \\ (r_1,\dots,r_n) & \mapsto & \{(r_i, \sum_{j=1}^n \mathbb{1}_{\{r_i\}}(r_j)) : 1\le i\le n\} \end{array} \tag{1.8}$$

eine zufällige kompakte Menge in $]0,1[^m \times \mathbb{N}$ gegeben. Für diese ist

$$\left\{S \in \left\{\{x_i : 1\le i\le n\}\times\{1\} : (x_1,\dots,x_n)\in \mathrm{R}^n_{\neq}\right\}\right\}.$$

ein sicheres Ereignis. ◆

Beweis: Nach Beispiel B.5 (Seite 102) ist $\mathrm{R}\ni r\mapsto\{r\}$ eine zufällige kompakte Menge in $]0,1[^m$, so dass dann Satz B.11 (Seite 103) die Messbarkeit von $(r_1,r_2)\mapsto\mathbb{1}_{\{r_1\}}(r_2)$ liefert. Ferner ist auch $\mathrm{R}^n\ni r\mapsto\sum_{j=1}^n\mathbb{1}_{\{r_i\}}(r_j)$ als Summe messbarer Abbildungen und schließlich

$$\mathrm{R}^n \ni r \mapsto (r_i, \sum_{j=1}^n \mathbb{1}_{\{r_i\}}(r_j)) \tag{1.9}$$

messbar. Der Rest der Messbarkeitsbehauptung ergibt sich letztlich zum einen wieder aus Beispiel B.5, nun auf (1.9) angewandt, und zum anderen als endliche Vereinigung von zufälligen kompakten Mengen aus Satz B.3 (Seite 100).

Für den Nachweis der zweiten Behauptung erinnern wir daran, dass Hyperebenen in $(\mathbb{R}^n, \mathscr{B}(\mathbb{R}^n), \boldsymbol{\lambda}^n)$ $\boldsymbol{\lambda}^n$-Nullmengen sind. Damit ist $]0,1[^n \setminus\,]0,1[^n_{\neq}$ eine $\mathbf{U}_{]0,1[^n}$-Nullmenge, woraus schließlich $\mathbf{U}_{]0,1[^n_{\neq}} = \mathbf{U}_{]0,1[^n}$ folgt, also auch $S\in\left\{\{x_i : 1\le i\le n\}\times\{1\} : (x_1,\dots,x_n)\in\mathrm{R}^n\right\}$ $\mathbf{U}_{\mathrm{R}^n}$-fast sicher. ■

1.13 Beispiel (Unabhängiges Ziehen) Sei jetzt $\mathfrak{R} =]0,1[$ und bezeichne $\mathfrak{F} = \mathfrak{F}(\mathfrak{R})$ die Menge aller endlichen Teilmengen von $\mathfrak{R}$, so betrachten wir aufgrund von Lemma 1.12 nun die Abbildung (vgl. Fußnote 18, Seite 19)

$$\begin{array}{rcll} S: & \left(\mathfrak{R}^n_{\neq}, \mathscr{B}(\mathfrak{R}^n_{\neq}), \mathbf{U}_{\mathfrak{R}^n_{\neq}}\right) & \to & \left(\mathfrak{F}(\mathfrak{R}), \mathscr{E}_{\mathfrak{F}}(\mathfrak{R})\right) \\ & (r_1,\dots,r_n) & \mapsto & \{r_i : 1 \le i \le n\}, \end{array}$$

d. h. offensichtlich einen einfachen Punktprozess in $\mathfrak{R}$. Für $G \in \mathfrak{L}(]0,1[) := \{G \in]0,1[\to \mathbb{R} : G \text{ messbar}\}$ erhält man mit Satz B.35 (Seite 115) die Messbarkeit der Abbildung

$$\begin{array}{rcll} T(G): & \left(\mathfrak{F}(\mathfrak{R}), \mathscr{E}_{\mathfrak{F}}(\mathfrak{R})\right) & \to & \left(\mathfrak{K}(\mathfrak{R}\times\mathbb{R}), \mathscr{E}_{\mathfrak{K}}(\mathfrak{R}\times\mathbb{R})\right) \\ & B & \mapsto & \left\{\left(r, G(r)\right) : r \in B\right\}. \end{array}$$

Somit haben wir für jedes $G \in \mathfrak{L}(]0,1[)$ durch

$$\mathbf{u}_n(G,\cdot) := T(G) \mathbin{\square} \left(S \mathbin{\square} \mathbf{U}_{]0,1[^n_{\neq}}\right)$$

eine Verteilung auf $\left(\mathfrak{K}(G), \mathscr{E}_{\mathfrak{K}}(G)\right)$ und mit $\mathbf{u}_n$ ein Stichprobendesign für $(\mathfrak{L}(]0,1[), 2^{\mathfrak{L}(]0,1[)})$ gegeben. Wir werden dieses Design nur für deterministische Populationen betrachten, so dass eine Messbarkeitsuntersuchung im ersten Argument von $\mathbf{u}_n$ bzgl. einer gesonderten σ-Algebra $\mathscr{F} \subset 2^{\mathfrak{L}(]0,1[)}$ nicht weiter interessiert. ◆

Ein gängiges Erhebungsverfahren bei Waldinventuren besteht darin, von einem zufällig gewählten Standpunkt aus alle Bäume im Umkreis eines zuvor festgewählten Radius' in die Stichprobe zu nehmen. Formalisiert wird dies in:

1.14 Beispiel (Flächenstichprobe) (a) Sei $\mathfrak{R} := [a,b] \times [c,d]$, so wollen wir mit $\Delta := \mathfrak{G}_e(\mathfrak{R}, \mathfrak{Y})$ die Menge der Waldpopulationen betrachten. Ferner seien $\mathscr{F} := \mathscr{E} \cap \Delta = \mathscr{E}_{\mathfrak{G}_e}$ und $\rho > 0$, dann ist die Abbildung

$$\begin{array}{rcll} S: & \left(\Delta \times \mathfrak{R}, \mathscr{F} \otimes \mathscr{B}(\mathfrak{R})\right) & \to & \left(\mathfrak{K}(\mathfrak{R}\times\mathfrak{Y}), \mathscr{E}_{\mathfrak{K}}(\mathfrak{R}\times\mathfrak{Y})\right) \\ & (G,r) & \mapsto & G \cap \overline{\mathrm{K}}_\rho(r) \times \mathfrak{Y} \end{array}$$

messbar[19] nach Satz B.3 (iv), dem dort formulierten Zusatz sowie Beispiel B.9 (Seite 100 und 103). Dabei ist ferner $S(G,\cdot) \in \mathfrak{K}(G)$ für jedes $G \in \Delta$, also mit

$$\begin{array}{rcll} \mathbf{w}_{\mathrm{F}}: & \Delta \times \mathscr{E}_{\mathfrak{K}}(\mathfrak{R}\times\mathfrak{Y}) & \to & [0,1] \\ & (G,B) & \mapsto & (S(G,\cdot) \mathbin{\square} \mathbf{U}_{\mathfrak{R}})(B) \end{array}$$

[19] Beachte: $\mathfrak{G}_e(\mathfrak{R}, \mathfrak{Y})$ ist $\mathscr{E}_{\mathfrak{K}}(\mathfrak{R}\times\mathfrak{Y})$-messbar (siehe Lemma A.26, Seite 98).

ein Stichprobendesign für die Populationsklasse $(\Delta, \mathcal{F})$ gegeben. Betrachten wir zudem einen endlichen Punktprozess

$$\Psi : (\Omega, \mathcal{A}, P) \to (\Delta, \mathcal{F})$$

als (randomisierte) Population, so ist dann durch $\mathbf{w}_F \square (\Psi \square P)$ die Stichprobenwahl aus $\Psi \square P$ unter dem Flächendesign $\mathbf{w}_F$ beschrieben.

(b) Eine weitere einfache geometrische Figur der Registermenge, für welche dann der entsprechende Populationsausschnitt erhoben wird, ist naheliegenderweise das Rechteck. Mit entsprechender Anpassung der Abbildung S verwenden wir später die Bezeichnung $\mathbf{w}_{F,r}$ für das Flächendesign mit rechteckiger Erhebung. ◆

Eine sehr bekannte Erhebungsmethode wurde von dem österreichischen Forstwissenschaftler Walter Bitterlich entwickelt, die in der deutschsprachigen Literatur unter dem Name *Winkelzählprobe*[20] bekannt ist (siehe Bitterlich, 1952). Von einem zufällig gewählten Standpunkt ξ werden Bäume genau dann in die Stichprobe gezählt, wenn diese aus einem Kreissektor mit zuvor festgewähltem Winkel α hervortreten (vgl. Abbildung 1.2). Diesen Winkel nennt Bitterlich *Gesichtswinkelmaß* oder *Grenzwinkel*.

Zur praktischen Umsetzung reicht ein sogenannter *Bitterlichstab*. Mit ihm wird der Grenzwinkel α über ein Verhältnis definiert, indem man am Ende eines Stabs der Länge l ein Plättchen der Breite b befestigt (vgl. Abbildung 1.3). Eine Veranschaulichung des Umgangs mit dem Bitterlichstab liefern die Abbildungen 1.4 bis 1.6.

Aus der Abbildung 1.3 geht offensichtlich auch hervor, dass ein Baum (r, y) vom Standpunkt ξ genau dann zur Stichprobe gewählt wird, wenn der Brusthöhendurchmesser y mindestens so breit wie das $2\sin(\alpha/2)$-fache der Entfernung zum Baum $\|\xi - r\|_2$ ist bzw. äquivalent hierzu $\xi \in \overline{\mathrm{K}}_\delta(r)$ mit $\delta := y/(2\sin(\alpha/2))$. Dabei nennt man $\sin^2(\alpha/2)$ *Zählfaktor*. Er soll in der Praxis möglichst einfach sein. Bitterlich (1952) wählt beispielhaft $l = 100$ (cm) und $b = 2$ (cm), so dass für den Zählfaktor $\sin^2(\arctan(1/100)) \approx 10^{-4}$ gilt. Für die Bedeutung des Zählfaktors sowie die Namensgebung sei auf Abschnitt 3.1 verwiesen.

Je größer der Brusthöhendurchmesser eines Baumes ist, desto wahrscheinlicher ist dieser in der Stichprobe. Solche Verfahren, zu denen offen-

[20] In der englischen Sprache werden häufig die Namen „angle count method“ oder „Bitterlich-sampling“ verwendet.

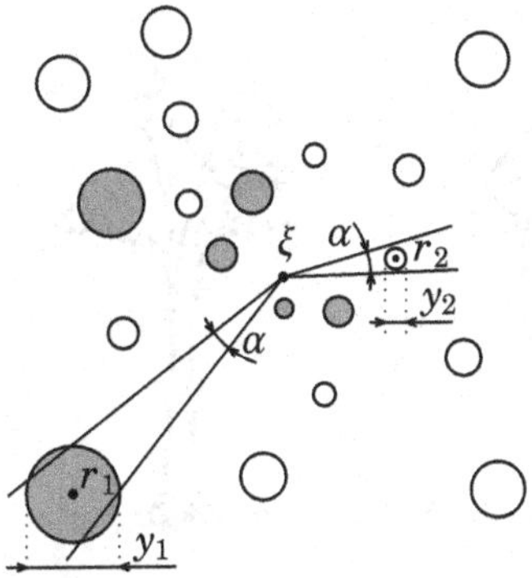

Abbildung 1.2: Jede Kreisfläche steht für einen idealisierten Stammquerschnitt eines Baumes in Brusthöhe, d. h. 1,3 Meter. Ausgehend vom Standpunkt ξ tritt der Baum (r_1, y_1) aus einem Blickwinkel α hervor und gehört somit zur Stichprobe. Das Gleiche gilt auch für jede andere grau markierte Kreisfläche. Die restlichen, nicht markierten Kreisflächen wie beim Baum (r_2, y_2), verschwinden dagegen in einem Blickwinkel α und zählen daher nicht zur Stichprobe.

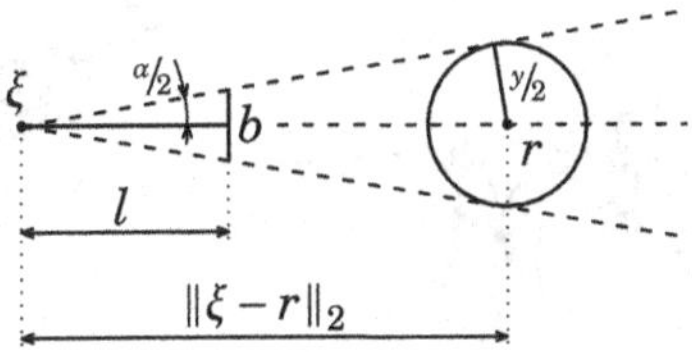

Abbildung 1.3: Die Kreisfläche steht für den idealisierten Stammquerschnitt eines Baumes (r, y) in 1,3 Meter Höhe. Mit dem Bitterlichstab (orthogonale Strecken der Länge l und b) wird implizit das Gesichtswinkelmaß bzw. der Grenzwinkel α verwendet, der sich über das Verhältnis der Stablänge l und der Plättchenbreite b durch $\alpha = 2 \cdot \arctan(b/2l)$ ergibt.

bar die Winkelzählprobe gehört, heißen auch *größenproportionale Stichprobendesigns*. Wir werden diese Eigenschaft in Abschnitt 3.3 differenzierter betrachten und verwenden.

1.15 Beispiel (Winkelzählprobe) Ähnlich wie im Beispiel 1.14 sei $\mathbb{R} := [a,b] \times [c,d]$ eine interessierende Waldfläche. Ferner sei mit $\Delta := \mathbb{G}_e(\mathbb{R},]0,\infty[)$ und $\mathcal{F} := \mathcal{E} \cap \Delta$ die zu betrachtende Populationsklasse beschrieben. Anders als im Beispiel 1.14 gehen wir nun speziell vom $]0,\infty[$-wertigen Merkmal „Brusthöhendurchmesser“ aus. Außerdem verwenden wir hier die Indikatorabbildung

$$\begin{aligned} \mathbb{1}: \ \big(\mathbb{K}(\mathbb{R}) \times \mathbb{R}, \mathcal{E}_{\mathbb{K}}(\mathbb{R}) \otimes \mathcal{B}(\mathbb{R})\big) &\to \big(\mathbb{K}(\mathbb{R}), \mathcal{E}_{\mathbb{K}}(\mathbb{R})\big) \\ (F, u) &\mapsto \begin{cases} \mathbb{K}, & \text{falls } u \in F \\ \{\emptyset\}, & \text{sonst} \end{cases}, \end{aligned}$$

die nach Satz B.11 messbar ist. Weiter bezeichnen wir mit Ψ wie im vorherigen Beispiel 1.14 eine Δ-wertige Zufallsgröße, welche für eine (randomisierte) Waldpopulation stehe. Für Ψ existiert nach Satz B.25 (Seite 110) eine

Abbildung 1.4: Mit dem Bitterlichstab werden Bäume in Brusthöhe anvisiert.

Abbildung 1.5: Beispielhafte Ansicht beim Anvisieren eines Baumes mit dem Bitterlichstab. Der Brusthöhendurchmesser übertrifft die im Blick liegende Plättchenbreite (Rechteck). Der Baum wird zur Stichprobe gezählt.

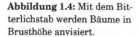

Abbildung 1.6: Beispielhafte Ansicht beim Anvisieren eines Baumes mit dem Bitterlichstab. Der Brusthöhendurchmesser ist kleiner als die Plättchenbreite (Rechteck). Der Baum zählt nicht zur Stichprobe.

Folge von Zufallsgrößen $(\xi_k,\eta_k)_{k\geq 1}$ auf demselben Wahrscheinlichkeitsraum $(\Omega,\mathcal{A},P)$ derart, dass

$$\Psi = \bigcup_{k\geq 1}\{(\xi_k,\eta_k)\}. \tag{1.10}$$

Dann ist wieder nach Satz B.3 (iv), dem dort formulierten Zusatz sowie Beispiel B.9 die Abbildung

$$\begin{array}{llll} S: & (\Omega\times\mathsf{R},\mathcal{A}\otimes\mathcal{B}(\mathsf{R})) & \to & (\mathsf{K}(\mathsf{R}\times\mathbb{R}),\mathcal{E}_{\mathsf{K}}(\mathsf{R}\times\mathbb{R})) \\ & (\omega,r) & \mapsto & \bigcup_{k\geq 1}\{(\xi_k(\omega),\eta_k(\omega))\}\cap \mathbb{1}_{\overline{\mathsf{K}}_{\frac{\eta_k(\omega)}{2\sin(\alpha/2)}}(r)}(\xi_k(\omega))\times\mathbb{R} \end{array}$$

messbar. Man beachte dabei, dass Ψ als endlicher Punktprozess gewählt ist und somit wegen (1.10) $|\bigcup_{k\geq 1}\{(\xi_k(\omega),\eta_k(\omega))\}|<\infty$ P-fast sicher gilt. Offensichtlich gilt $S(G,\cdot)\in\mathsf{K}(G)$ für jedes $G\in\Delta$. Definiere nun $\mathbf{w}_{\mathrm{B},\alpha}(G,\cdot) := S(G,\cdot)\,\square\,\mathbf{U}_{\mathsf{R}}$ für $G\in\Delta$, so ist also mit $\mathbf{w}_{\mathrm{B},\alpha}$ ein Stichprobendesign für die Populationsklasse $(\Delta,\mathcal{F})$ gegeben. Diese heißt *Winkelzählprobe* zum Grenzwinkel α. Schließlich beschreibt dann $\mathbf{w}_{\mathrm{B},\alpha}\,\square\,(\Psi\,\square\,P)$ die Stichprobenwahl aus $\Psi\,\square\,P$ unter der Winkelzählprobe $\mathbf{w}_{\mathrm{B},\alpha}$. ◆

Das Messen, Befragen oder allgemein Erheben von Populationselementen kostet Zeit und Geld. Bei einer statistischen Untersuchung sind uns jedoch gerade in diesen Punkten Restriktionen gegeben, weshalb der Statistiker letztlich die „Größe“ einer Stichprobe nach Möglichkeit kontrollieren will.

Im Fall endlicher Populationen G, wie sie z. B. in Kombination mit einer endlichen Registermenge $\mathfrak{R} = \{1, ..., N\}$ durchgehend von Cassel *et al.* (1977) betrachtet werden, würde man wohl $\zeta(s) = |s|$ unter der Größe einer Stichprobe $s \subset G$ verstehen. Tatsächlich bezeichnen Cassel *et al.* (1977, Seite 7) den Wert $\zeta(s) = |s|$ als *(effektiven) Stichprobenumfang* und formulieren damit dann die Klasse der (nichtadaptiven) Stichprobendesigns q, dessen Stichproben $S \sim q(G, \cdot)$ für $G \in \Delta$ einen effektiv einheitlichen Stichprobenumfang besitzen (siehe Cassel *et al.*, 1977, Seite 13).

Wir definieren nun etwas allgemeiner für eine Populationsklasse $\Delta \subset \mathfrak{G}(\mathfrak{R}, \mathfrak{Y})$ mit σ-Algebra $\mathcal{F}$ die Menge[21]

$$\mathrm{Samp}_{\mathrm{f},n}(\Delta, \mathcal{F}) := \left\{q \in \mathrm{Samp}(\Delta, \mathcal{F}) : q(G, (\mathfrak{F}_n(\mathfrak{X}) \setminus \mathfrak{F}_{n-1}(\mathfrak{X}))^c) = 0 \; \forall G \in \Delta\right\}$$

und nennen deren Elemente *FES(n)-Stichprobendesign* oder *Stichprobendesign vom FES(n)-Typ.*[22]

Als Beispiele für ein solches Stichprobendesign lassen sich $\mathbf{u}_{\mathrm{OZ}(n)}$, also das n-malige Ziehen ohne Zurücklegen (vgl. Beispiel 1.11), oder $\mathbf{u}_n$, also das n-malige unabhängige Ziehen (vgl. Beispiel 1.13) nennen. Dagegen liefern $\mathbf{u}_{\mathrm{MZ}(n)}$, $\mathbf{w}_{\mathrm{F}}$ und $\mathbf{w}_{\mathrm{B},\alpha}$ Stichproben mit einem unterschiedlichen (effektiven) Umfang.

Wir schließen diesen Abschnitt mit einem FES(n)-Stichprobendesign für Waldinventuren. Dabei werden von einem zufällig gewählten Standpunkt die k dichtesten Bäume in die Stichprobe gezogen.

1.16 Beispiel (k-Baum-Stichprobe) Es seien erneut $\mathfrak{R} := [a, b] \times [c, d] \subset \mathbb{R}^2$, $k \in \mathbb{N}$ sowie $\Delta := \{G \in \mathfrak{G}_e(\mathfrak{R}, \mathfrak{Y}) : |G| \geq k\}$ und $\mathcal{F} := \mathcal{E}_{\mathrm{K}}(\mathfrak{R} \times \mathfrak{Y}) \cap \Delta$. Dann ist die Abbildung

$$\begin{array}{rccc} M: & (\Delta \times \mathfrak{R}, \mathcal{F} \otimes \mathcal{B}(\mathfrak{R})) & \to & (\mathrm{K}(\mathbb{R}), \mathcal{E}_{\mathrm{K}}(\mathbb{R})) \\ & (G, r) & \mapsto & \{\|r - t\|_2 : t \in \mathrm{dom}(G)\} \end{array}$$

messbar[23], also insbesondere $M(G, \cdot)$ für jedes $G \in \Delta$ eine zufällige kom-

[21]Wir verwenden die Bezeichnung: $\mathfrak{F}_n = \mathfrak{F}_n(\mathfrak{X}) := \{F \subset \mathfrak{X} : |F| \leq n\}$.

[22]Bei dem hier gewählten Kürzel FES(n) diente die Namensgebung „fixed effective size design“ und die entsprechende Abkürzung von Cassel *et al.* (1977, Seite 13) als Vorlage.

[23]Zunächst ist $\Delta = (\mathfrak{G}_e(\mathfrak{R}, \mathfrak{Y}) \cap \mathfrak{F}_{k-1}(\mathfrak{R} \times \mathfrak{Y}))^c \in \mathcal{E}_{\mathrm{K}}(\mathfrak{R} \times \mathfrak{Y})$ (vgl. Lemma A.25 und A.26, Seite 97 f.). Zur Messbarkeit von $r \mapsto \{\|r - t\|_2 : t \in \mathrm{dom}(G)\}$ und dann schließlich von M insgesamt siehe Beispiele B.6 – B.8, Seite 102 f.

pakte Menge. Ist $K \in \mathfrak{F}(\mathbb{R})$, $K \neq \emptyset$, so bezeichne $\min_k K$ das kt-kleinste Element. Außerdem sieht man ähnlich wie beim Beispiel B.26 (Seite 110) die Messbarkeit von $K \mapsto \min_k K$. Ferner ist dann auch

$$\begin{array}{rccc} S: & (\Delta \times \mathfrak{R}, \mathcal{F} \otimes \mathcal{B}(\mathfrak{R})) & \to & (\mathfrak{K}(\mathfrak{R} \times \mathfrak{Y}), \mathcal{E}_{\mathfrak{K}}(\mathfrak{R} \times \mathfrak{Y})) \\ & (G,r) & \mapsto & G \cap \overline{\mathrm{K}}_{\min_k M(G,r)}(r) \times \mathfrak{Y} \end{array}$$

wieder nach Satz B.3 (iv), dem dort formulierten Zusatz sowie Beispiel B.9 messbar. Schließlich erhalten wir mit

$$\mathbf{nn}_k(G,\cdot) := S(G,\cdot) \,\square\, \mathbf{U}_{\mathfrak{R}} \qquad \text{für } G \in \Delta$$

ein FES(k)-Stichprobendesign für $(\Delta, \mathcal{F})$. Mit diesem wird die sogenannte *k-Baumstichprobe* beschrieben. ◆

1.3 Statistische Modelle und Morphismen

Eine Stichprobenwahl als eine gewisse Wahrscheinlichkeitsverteilung auf $\mathfrak{K}(\mathfrak{R} \times \mathfrak{Y} \times \mathbb{N})$ beschreibt die zufällige Auswahl einer Stichprobe. Sie hängt jedoch auch entscheidend von der zu untersuchenden Population ab und ist deshalb selbst unbekannt.

Allerdings können wir oft einige der deterministischen Grundgesamtheiten $G \in \mathfrak{G}(\mathfrak{R}, \mathfrak{Y})$ im Voraus durch gewisse Plausibilitätsüberlegungen ausschließen. Bereits in den Beispielen zur Waldinventur konnten wir uns die Baumpopulation intuitiv zu „endlich vielen Punkten in der Fläche mit positiven reellen BHD-Merkmalsausprägungen" idealisieren. Bei den Urnenmodellen haben wir Grundgesamtheiten von fester und bekannter Größe betrachtet, nämlich solche mit N Elementen. Formal notiert man diese Vorstellungen durch den bereits schon bekannten Begriff der Populationsklasse $\Delta \subset \mathfrak{G}(\mathfrak{R}, \mathfrak{Y})$ mit einer σ-Algebra $\mathcal{F}$ darauf.

Zusätzlich begründen Vorinformationen auch eine gewisse Auszeichnung der Stochastik, die hinter der zu untersuchenden randomisierten Population steckt. Man formalisiert dies durch eine Familie von Verteilungen $\mathcal{R} \in \mathrm{Prob}(\Delta, \mathcal{F})^{\mathrm{H}}$, genannt *Populationsannahme*. Bei Untersuchungen eines Waldbestandes geht man z. B. häufig von gewissen Prozessklassen aus, wie z. B. Poisson- oder Cox-Prozesse.

Sind die Vorurteile gerechtfertigt, die wir sowohl mit der Populationsklasse als auch mit der Populationsannahme über die zu untersuchende

Population vornehmen, so können wir auch davon ausgehen, dass dann eine bzgl. eines Stichprobendesigns q beobachtete Stichprobe $s \in \mathbb{K}(\mathbb{R} \times \mathbb{Y} \times \mathbb{N})$ Realisation einer Zufallsgröße $S \sim q \,\Box\, \gamma$ für ein $\gamma \in \mathcal{R}(\mathrm{H})$ ist. Wir gelangen damit zu einem weiteren zentralen Begriff der Stichprobentheorie.

1.17 Definition Seien $(\Delta, \mathcal{F})$ eine Populationsklasse, $\mathcal{R} := (\gamma_\eta : \eta \in \mathrm{H})$ eine Populationsannahme und $q \in \mathrm{Samp}(\Delta, \mathcal{F})$ ein Stichprobendesign, dann heißt die Familie

$$\mathbb{Q}(\mathcal{R}, q) := \left(q \,\Box\, \gamma_\eta : \eta \in \mathrm{H}\right)$$

parametrisiertes Stichprobenexperiment für $\mathcal{R}$ unter q. Die Menge H nennt man dabei auch *Parameterraum*. ◆

Wir werden häufig kurz vom Experiment sprechen und in manchen Situationen mit der zugehörigen *unparametrisierten* Variante

$$\mathbb{Q}(\mathcal{R}, q)(\mathrm{H}) = \{q \,\Box\, \gamma_\eta : \eta \in \mathrm{H}\} \subset \mathrm{Prob}(\mathbb{K}, \mathcal{C}_{\mathbb{K}}),$$

arbeiten. Auch hier leisten wir uns etwas Bequemlichkeit und schreiben ebenso für das unparametrisierte Experiment $\mathbb{Q}(\mathcal{R}, q)$, sofern die Parametrisierung irrelevant ist oder sich aus dem Zusammenhang ergibt, ob ein parametrisiertes oder unparametrisiertes Experiment gemeint ist.

1.18 Beispiel (Stichprobendesign) Ist $q \in \mathrm{Samp}(\Delta)$ ein Stichprobendesign, so ist damit zugleich das parametrisierte Stichprobenexperiment für die *deterministische Populationsannahme* $(\boldsymbol{\delta}_G : G \in \Delta)$ unter q gegeben. Hierbei ist die Populationsklasse Δ auch der Parameterraum. ◆

1.19 Beispiel (Normalverteilungsmodelle) Für $\mu_0 \in \mathbb{R}$ und $\sigma_0 \in]0,\infty[$ betrachten wir die Populationsklassen

$$\begin{aligned} \Delta_l &:= \left\{G \in \mathfrak{L}(]0,1[) : G \sim \mathbf{N}(\mu, \sigma_0^2) \text{ für ein } \mu \in \mathbb{R}\right\} \\ \Delta_s &:= \left\{G \in \mathfrak{L}(]0,1[) : G \sim \mathbf{N}(\mu_0, \sigma^2) \text{ für ein } \sigma \in]0,\infty[\right\} \end{aligned}$$

und

$$\Delta_{ls} := \left\{G \in \mathfrak{L}(]0,1[) : G \sim \mathbf{N}(\mu, \sigma^2) \text{ für ein Paar } (\mu, \sigma) \in \mathbb{R} \times]0,\infty[\right\}$$

(vgl. Beispiel 1.3, Seite 11) auf welche wir das Stichprobendesign des n-maligen unabhängigen Ziehens $\mathbf{u}_n$ einschränken (vgl. Beispiel 1.13, Seite 21). Die Stichprobenexperimente $\mathbf{u}_n|_{\Delta_l}$, $\mathbf{u}_n|_{\Delta_s}$, bzw. $\mathbf{u}_n|_{\Delta_{ls}}$ heißen *Normalverteilungsmodelle*. ◆

Gelegentlich können nicht alle Informationen einer Stichprobe $S \sim q \,\square\, \gamma_\eta$ beobachtet werden oder sind für das Untersuchungsziel relevant. Ein typisches Beispiel sind die Registereinträge, wie etwa bei den voranstehenden Normalverteilungsmodellen. Stattdessen können wir jedoch Informationen erfassen, wie z. B. die Reihenfolge der erhobenen Populationselemente, die allerdings nicht Bestandteil der zu untersuchenden Grundgesamtheit sind.

Um die tatsächlich vorliegende Informationslage wiederzugeben, geht man deshalb oft nicht von dem Stichprobenexperiment selbst, sondern von einer Transformation aus. In anderen Fällen ist es komfortabler statt $\mathbb{Q}(\mathscr{R},q)$ eine Familie von Verteilungen auf einem strukturell einfacheren Raum zu betrachten, die in gewisser Weise mit dem Stichprobenexperiment identifizierbar ist.

Der wesentliche Gedanke basiert allgemein darauf, zwei Familien von Wahrscheinlichkeitsverteilungen, wie sie mit $\mathscr{P} \in \mathrm{Prob}(\mathfrak{X},\mathscr{A})^\Theta$ und $\mathbb{Q} \in \mathrm{Prob}(\mathscr{Y},\mathscr{B})^\mathrm{H}$ für den Moment gegeben seien, zu verbinden. Sinnvoll und naheliegend erscheint die Wahl einer Abbildung $\tau : \Theta \to \mathrm{H}$ sowie einer weiteren messbaren Abbildung $T : (\mathfrak{X},\mathscr{A}) \to (\mathfrak{Y},\mathscr{B})$ derart, dass das Diagramm

$$\begin{array}{ccc} \Theta & \xrightarrow{\quad\mathscr{P}\quad} & \mathrm{Prob}(\mathfrak{X},\mathscr{A}) \\ \Big\downarrow{\scriptstyle\tau} & & \Big\downarrow{\scriptstyle T\,\square} \\ \mathrm{H} & \xrightarrow{\quad\mathbb{Q}\quad} & \mathrm{Prob}(\mathfrak{Y},\mathscr{B}) \end{array}$$

kommutativ ist.[24] Die beiden folgenden, etwas allgemeineren Definitionen zu Morphismen bzw. Isomorphismen sind aus Mattner (2012, Seite 100 ff.).

1.20 Definition (Morphismen) Es seien $(\mathfrak{X},\mathscr{A})$ und $(\mathfrak{Y},\mathscr{B})$ zwei beliebige Messräume sowie $\mathscr{P} = (P_\vartheta : \vartheta \in \Theta)$ bzw. $\mathbb{Q} = (Q_\eta : \eta \in \mathrm{H})$ zwei Familien von Verteilungen auf $\mathfrak{X}$ bzw. $\mathfrak{Y}$. Ein *(randomisierter) Morphismus* von $\mathscr{P}$ nach $\mathbb{Q}$ ist ein Paar (τ,K) bestehend aus einer Funktion $\tau : \Theta \to \mathrm{H}$ und einem Markov-Kern K von $(\mathfrak{X},\mathscr{A})$ nach $(\mathfrak{Y},\mathscr{B})$ so, dass

$$K \,\square\, P_\vartheta := \int_{\mathfrak{X}} K(x,\cdot\,)P_\vartheta(\mathrm{d}x) = Q_{\tau(\vartheta)} \quad \text{für } \vartheta \in \Theta \tag{1.11}$$

[24] Diese und ähnliche Überlegungen zu Transformationen von Verteilungsfamilien findet man bei Brøns (2002).

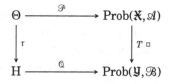

gilt. Wir schreiben dann $\mathscr{P} \xrightarrow{(\tau,K)} \mathbb{Q}$. Der Morphismus heißt *deterministisch*, wenn es eine messbare Funktion $T : \mathfrak{X} \to \mathfrak{Y}$ gibt, welche $K \,\square\, P_\vartheta = T \,\square\, P_\vartheta$ für alle ϑ erfüllt. Andernfalls heißt er *echt randomisiert*. Im Fall $\mathscr{P} = \mathbb{Q}$, $\tau = \mathbf{id}_\Theta$ und $K \,\square\, P_\vartheta = P_\vartheta$ für jedes $\vartheta \in \Theta$ wird (τ,K) *Identität* auf $\mathscr{P}$ genannt. ◆

Die Notation $\mathscr{P} \xrightarrow{(\tau,K)} \mathbb{Q}$ versteht sich in dem Sinne, dass (τ,K) als Kurzform der Produktabbildung[25] der Abbildungen τ und $K \,\square\, \cdot$ wiedergeben soll. Wegen (1.11) haben wir tatsächlich eine Abbildung zwischen den beiden Funktionsgraphen $\mathscr{P}$ und $\mathbb{Q}$, denn:

$$\begin{array}{rccc} \tau \otimes (K \,\square\, \cdot): & \mathscr{P} & \to & \mathbb{Q} \\ & (\vartheta, P_\vartheta) & \mapsto & \big(\tau(\vartheta), \underbrace{K \,\square\, P_\vartheta}_{=\,Q_{\tau(\vartheta)}}\big). \end{array}$$

Im Fall $(\mathbf{id}_\Theta, K)$ reden wir auch nur von dem Morphismus K und notieren kurz $\mathscr{P} \xrightarrow{K} \mathbb{Q}$. Ist dabei K deterministisch mit zugehöriger messbarer Abbildung T, schreiben wir häufig $\mathscr{P} \xrightarrow{T} \mathbb{Q}$.

Bezeichne $\mathscr{R} \in \mathrm{Prob}(\mathfrak{Z}, \mathscr{C})^\Lambda$ eine weitere Familie von Verteilungen und (σ, L) einen Morphismus von $\mathbb{Q}$ nach $\mathscr{R}$, so ist zunächst

$$\big(L \circ K\big)(x,C) := \int_{\mathfrak{Y}} L(y,C)\, K(x,\mathrm{d}y) \qquad \text{für } x \in \mathfrak{X} \text{ und } C \in \mathscr{C}$$

ein Markov-Kern von $(\mathfrak{X}, \mathscr{A})$ nach $(\mathfrak{Z}, \mathscr{C})$. Schließlich ist durch $(\sigma \circ \tau, L \circ K)$ ein Morphismus von $\mathscr{P}$ nach $\mathscr{R}$ gegeben. Dieser heißt *Verknüpfung* oder *Komposition* der Morphismen (τ, K) und (σ, L).

1.21 Definition Es seien $\mathscr{P} = (P_\vartheta : \vartheta \in \Theta)$ auf $\mathfrak{X}$ und $\mathbb{Q} := (Q_\eta : \eta \in \mathrm{H})$ auf $\mathfrak{Y}$ Verteilungsfamilien. Ein Morphismus (τ, K) von $\mathscr{P}$ nach $\mathbb{Q}$ heißt *Isomorphismus*, wenn es einen Morphismus (σ, L) von $\mathbb{Q}$ nach $\mathscr{P}$ gibt, so dass $(\sigma \circ \tau, L \circ K)$ die Identität auf $\mathscr{P}$ und $(\tau \circ \sigma, K \circ L)$ die Identität auf $\mathbb{Q}$ ist. In diesem Fall heißt (σ, L) *invers* zu (τ, K), $\mathscr{P}$ *isomorph* zu $\mathbb{Q}$ und man schreibt $\mathscr{P} \cong \mathbb{Q}$. ◆

1.22 Beispiel Eine Familie $\mathscr{P} \in \mathrm{Prob}(\mathfrak{X}, \mathscr{A})^\Theta$ ist offensichtlich isomorph zu der mit einer beliebigen Verteilung $Q \in \mathrm{Prob}(\mathfrak{Y}, \mathscr{B})$ erweiterten Familie $\mathbb{Q} := (P_\vartheta \otimes Q : \vartheta \in \Theta) \in \mathrm{Prob}(\mathfrak{X} \times \mathfrak{Y}, \mathscr{A} \otimes \mathscr{B})^\Theta$. Man wähle etwa $K(x, \cdot) := \boldsymbol{\delta}_x \otimes Q$ für $x \in \mathfrak{X}$ sowie $L\big((x,y), \cdot\big) := \boldsymbol{\delta}_x$ für $(x,y) \in \mathfrak{X} \times \mathfrak{Y}$ und erhält schließlich mit $L \circ K$ bzw. $K \circ L$ eine Identität auf $\mathscr{P}$ bzw. $\mathbb{Q}$. ◆

[25] Seien $f : \mathfrak{X} \to \mathfrak{Y}$ und $g : \mathfrak{X}' \to \mathfrak{Y}'$ zwei Funktionen, so bezeichnen wir mit $f \otimes g : \mathfrak{X} \times \mathfrak{X}' \to \mathfrak{Y} \times \mathfrak{Y}'$, $(x,x') \mapsto (f(x), g(x'))$ das *Produkt* der Abbildungen f und g.

Im Kontext der Stichprobentheorie kennen wir mit dem Stichprobendesign bereits ein erstes Beispiel für einen Morphismus zwischen zwei Verteilungsfamilien.

1.23 Beispiel (Stichprobendesign) Betrachte eine Populationsklasse $(\Delta,\mathcal{F})$ und eine Populationsannahme $\mathcal{R}\in\mathrm{Prob}(\Delta,\mathcal{F})^{\mathrm{H}}$, so ist mit einem Stichprobendesign q, genauer $(\mathbf{id}_{\mathrm{H}},q)$, ein Morphismus von der Populationsannahme $\mathcal{R}$ zum Stichprobenexperiment $\mathbb{Q}(\mathcal{R},q)$ gegeben, d. h. $\mathcal{R}\xrightarrow{q}\mathbb{Q}(\mathcal{R},q)$ (vgl. Definition 1.17). ◆

Sei nun $\mathrm{P}_n := \{p:\{1,...,n\}\to\{1,...,n\} : p \text{ bijektiv}\}$ die Menge aller n-Permutationen, so überlegt man sich leicht die Messbarkeit von

$$\begin{array}{llcl} T_2: & \left(\mathrm{P}_n\times\mathbb{R}^{2n},2^{\mathrm{P}_n}\otimes\mathcal{B}(\mathbb{R}^{2n})\right) & \to & \left(\mathbb{R}^{2n},\mathcal{B}(\mathbb{R}^{2n})\right) \\ & (p,x) & \mapsto & (x_{p(1)},\dots,x_{p(n)},x_{p(1)+n},\dots,x_{p(n)+n}). \end{array} \tag{1.12}$$

Damit zeigen wir als Vorbereitung für das nächste Beispiel:

1.24 Lemma Für das Stichprobendesign des n-fachen unabhängigen Ziehens $\mathbf{u}_n$ und für jedes nichtleere $\Delta\subset\mathfrak{L}(]0,1[)$ ist[26]

$$\mathcal{U}_{n,\Delta} := \left((\mathbf{id}_{]0,1[^n},G^{\otimes n})\,\square\,\mathbf{U}_{]0,1[^n} : G\in\Delta\right)$$

isomorph zu $\mathbf{u}_n|_\Delta$. ◆

Beweis: Nach Beispiel 1.22 ist $\mathbf{u}_n|_\Delta$ isomorph zu $\mathbb{Q}' := (\mathbf{u}_n(G,\cdot)\otimes\mathbf{U}_{\mathrm{P}_n} : G\in\Delta)$. Wir zeigen, dass $\mathbb{Q}'$ isomorph zu $\mathcal{U}_{n,\Delta}$ ist und verwenden dabei die durch

$$p_u(k) := \begin{cases} 2k-1 & \text{für } k=1,...,n \\ 2(k-n) & \text{für } k=n+1,...,2n \end{cases}$$

definierte Permutation $p_u\in\mathrm{P}_{2n}$.

Für die Angabe eines Morphismus' von $\mathbb{Q}'$ nach $\mathcal{U}_{n,\Delta}$ bezeichnen wir mit $\varphi_{\mathrm{lx},\uparrow}$ die Abbildung aus (B.8) auf Seite 111, mit T_1 die durch die Permutation p_u beschriebene Umsortierung

$$\begin{array}{llcl} T_1: & \mathbb{R}^{2n} & \to & \mathbb{R}^{2n} \\ & x & \mapsto & \left(x_{p_u(k)} : k=1,\dots,2n\right) \end{array}$$

und mit T_2 die Abbildung aus (1.12). Dann ist mit[27]

$$K\big((F,p),\cdot\big) := \begin{cases} \boldsymbol{\delta}_{T_2(p,T_1^{-1}(\varphi_{\mathrm{lx},\uparrow}(F)))}, & \text{falls } F\in\mathrm{F}_n^*(]0,1[\times\mathbb{R}) \\ \boldsymbol{\delta}_{(0,\dots,0)}, & \text{sonst} \end{cases}$$

[26]Wir schreiben für das n-fache Produkt $f^{\otimes n} := f\otimes\ldots\otimes f$ (vgl. Fußnote 25, Seite 29)

[27]Mit $\mathrm{F}_n^* = \mathrm{F}_n^*(\mathfrak{X})$ bezeichnen wir die Menge aller nichtleeren Mengen aus $\mathrm{F}_n(\mathfrak{X})$.

für $(F,p) \in \mathbb{K}(]0,1[\times\mathbb{R})\times \mathbb{P}_n$ ein Markov-Kern von $\big(\mathbb{K}(]0,1[\times\mathbb{R})\times \mathbb{P}_n, \mathscr{E}_{\mathbb{K}}(]0,1[\times \mathbb{R})\otimes 2^{\mathbb{P}_n}\big)$ nach $\big(\mathbb{R}^{2n},\mathscr{B}(\mathbb{R}^{2n})\big)$. Beachte, dass $\mathbf{u}_n(G,(\mathbb{F}_n^*)^c) = 0$ für alle $G \in \Delta$ ist. Für $A \in \mathscr{B}(\mathbb{R}^{2n})$ und für jedes $G \in \Delta$ gilt dann

$$\begin{aligned}
\big(K \quad \square \quad & \mathbf{u}_n(G,\cdot)\otimes \mathbf{U}_{\mathbb{P}_n}\big)(A) \\
= \quad & \int_{\mathbb{F}_n^*\times\mathbb{P}_n} \boldsymbol{\delta}_{T_2\left(p,T_1^{-1}(\max_{\mathrm{lx},1}F,\dots,\max_{\mathrm{lx},n}F)\right)}(A)\big(\mathbf{u}_n(G,\cdot)\otimes\mathbf{U}_{\mathbb{P}_n}\big)(\mathrm{d}(F,p)) \\
= \quad & \int_{\mathbb{P}_n}\int_{]0,1[^n} \boldsymbol{\delta}_{(u_{p(1)},\dots,u_{p(n)},G(u_{p(1)}),\dots,G(u_{p(n)}))}(A)(\mathbf{U}_{]0,1[^n})(\mathrm{d}u)\mathbf{U}_{\mathbb{P}_n}(\mathrm{d}p) \\
= \quad & \int_{]0,1[^n} \boldsymbol{\delta}_{(u_1,\dots,u_n,G(u_1),\dots,G(u_n))}(A)(\mathbf{U}_{]0,1[^n})(\mathrm{d}u) \\
= \quad & (\mathbf{id}_{]0,1[^n},G^{\otimes n}) \,\square\, \mathbf{U}_{]0,1[^n})(A).
\end{aligned}$$

Umgekehrt formulieren wir nun einen Morphismus von $\mathscr{U}_{n,\Delta}$ nach $\mathbb{Q}'$. Man beachte dabei, dass allgemein die Koordinatenvereinigung

$$\begin{aligned}
V : \mathbb{X}^n & \to \mathbb{A}(\mathbb{X}) \\
x & \mapsto \bigcup\{x_i : 1 \le i \le n\}
\end{aligned}$$

nach Beispiel B.5 und Satz B.3 $(\mathscr{B}(\mathbb{X}^n),\mathscr{E}(\mathbb{X}))$-messbar ist. Wählen wir dabei speziell $\mathbb{X} :=]0,1[\times\mathbb{R}$ und betrachten dann außerdem die durch T_1 beschriebene Umsortierung der Komponenten durch die Permutation p_u, dann ist mit

$$L((u,g),\cdot) \quad := \quad \boldsymbol{\delta}_{V(T_1(u,g))}\otimes\mathbf{U}_{\mathbb{P}_n} = \boldsymbol{\delta}_{\{(u_i,g_i):1\le i\le n\}}\otimes\mathbf{U}_{\mathbb{P}_n}$$

für $(u,g) \in]0,1[^n\times\mathbb{R}^n$ ein Markov-Kern von $\big(]0,1[^n\times\mathbb{R}^n,\mathscr{B}(]0,1[^n)\otimes\mathscr{B}(\mathbb{R}^n)\big)$ nach $(\mathbb{K}(]0,1[\times\mathbb{R})\times\mathbb{P}_n,\mathscr{E}_{\mathbb{K}}(]0,1[\times\mathbb{R})\otimes 2^{\mathbb{P}_n})$ gegeben. Weiterhin ist für $A\times B \in \mathscr{E}_{\mathbb{K}}(]0,1[\times\mathbb{R})\otimes 2^{\mathbb{P}_n}$ sowie für jedes $G \in \Delta$

$$\begin{aligned}
\Big(L \quad \square \quad & \big((\mathbf{id}_{]0,1[^n},G^{\otimes n}) \,\square\, \mathbf{U}_{]0,1[^n}\big)\Big)(A\times B) \\
= \quad & \int_{]0,1[^n\times\mathbb{R}^n} \boldsymbol{\delta}_{\{(u_i,g_i):1\le i\le n\}}\otimes\mathbf{U}_{\mathbb{P}_n}(A\times B)\big((\mathbf{id}_{]0,1[^n},G^{\otimes n}) \,\square\, \mathbf{U}_{]0,1[^n}\big)(\mathrm{d}(u,g)) \\
= \quad & \int_{]0,1[^n} \boldsymbol{\delta}_{\{(u_i,G(u_i)):1\le i\le n\}}\otimes\mathbf{U}_{\mathbb{P}_n}(A\times B)\mathbf{U}_{]0,1[^n}(\mathrm{d}u) \\
= \quad & \mathbf{u}_n(G,\cdot)\otimes\mathbf{U}_{\mathbb{P}_n}(A\times B).
\end{aligned}$$

Mit $\sigma := \tau := \mathbf{id}_\Delta$ ist schließlich $(K\circ L,\tau\circ\sigma)$ die Identität auf $\mathscr{U}_{n,\Delta}$ sowie $(L\circ K,\sigma\circ\tau)$ die Identität auf $\mathbb{Q}'$. ∎

Zur Behauptung von Godambe (1970) (vgl. Zitat (A), Seite 3): Nach Lemma 1.12 (Seite 20), Beispiel 1.13 (Seite 21) sowie Lemma 1.24 können wir nun Godambes Aussage formal greifen.[28]

1.25 Beispiel (Verzicht auf Registerinformation) Seien $\Delta := \mathfrak{L}(]0,1[)$, $\mathcal{U}_{n,\Delta}$ wie in Lemma 1.24 sowie $\tau(G) := G \,\square\, \mathbf{U}_{]0,1[}$ für $G \in \Delta$ und $M((u,g),\cdot) := \boldsymbol{\delta}_g$ für $(u,g) \in]0,1[^n \times \mathbb{R}^n$, dann erhalten wir insgesamt die Transformationskette

$$\big(\boldsymbol{\delta}_G : G \in \Delta\big) \xrightarrow{\mathbf{u}_n} \mathbf{u}_n|_\Delta \cong \mathcal{U}_{n,\Delta} \xrightarrow{(\tau,M)} \big(P^{\otimes n} : P \in \mathrm{Prob}(\mathbb{R})\big).$$

Für Δ_l, Δ_s bzw. Δ_{ls} aus Beispiel 1.19 und mit[29] $\tau_l(G) := \boldsymbol{\mu}(G)$, $\tau_s(G) := \sqrt{\boldsymbol{\sigma}^2(G)}$ bzw. $\tau_{ls}(G) := \big(\boldsymbol{\mu}(G), \sqrt{\boldsymbol{\sigma}^2(G)}\big)$ für entsprechende G gilt ferner

$$\big(\boldsymbol{\delta}_G : G \in \Delta_l\big) \xrightarrow{\mathbf{u}_n} \mathbf{u}_n|_{\Delta_l} \cong \mathcal{U}_{n,\Delta_l} \xrightarrow{(\tau_l,M)} \big(\mathbf{N}^{\otimes n}_{\mu,\sigma^2} : \mu \in \mathbb{R}\big)$$

$$\big(\boldsymbol{\delta}_G : G \in \Delta_s\big) \xrightarrow{\mathbf{u}_n} \mathbf{u}_n|_{\Delta_s} \cong \mathcal{U}_{n,\Delta_s} \xrightarrow{(\tau_s,M)} \big(\mathbf{N}^{\otimes n}_{\mu,\sigma^2} : \sigma \in]0,\infty[\big)$$

$$\big(\boldsymbol{\delta}_G : G \in \Delta_{ls}\big) \xrightarrow{\mathbf{u}_n} \mathbf{u}_n|_{\Delta_{ls}} \cong \mathcal{U}_{n,\Delta_{ls}} \xrightarrow{(\tau_{ls},M)} \big(\mathbf{N}^{\otimes n}_{\mu,\sigma^2} : (\mu,\sigma) \in \mathbb{R} \times]0,\infty[\big).$$

Die Morphismen (τ,M) bzw. (τ_l,M), (τ_s,M) und (τ_{ls},M) beschreiben im Wesentlichen den Verzicht auf die Registerinformationen und liefern mit den jeweils rechtsstehenden Verteilungsfamilien die vertrauten Modelle aus der Mathematischen Statistik. Das Stichprobendesign $\mathbf{u}_n$, also das n-fache unabhängige Ziehen aus derselben Grundgesamtheit, ist dabei für die n-fache Produktbildung derselben Verteilung verantwortlich. Durch die Einschränkungen auf die entsprechenden Populationsklassen Δ_l, Δ_s bzw. Δ_{ls} erhält man das Normalverteilungsmodell in der Lokations-, Skalen- bzw.

[28]Man beachte dabei: Lemma 1.12 lieferte auch die Bedeutungslosigkeit des Zusatzes „ohne Zurücklegen“ beim n-maligen Ziehen aus einer hypothetischen Grundgesamtheit $G \in \mathfrak{L}(]0,1[)$. Da Godambe (1970) sich sehr wahrscheinlich auf Halmos (1946) bezieht und damit anscheinend eine solche hypothetische Population $G \in \mathfrak{L}(]0,1[)$ vor Augen hat, vernachlässigen wir außerdem die irritierende Erwähnung der endlich vielen Registereinträge „$i = 1,\dots,N$“ im Zitat (A).

[29]In dieser Arbeit steht im Fall der Existenz $\boldsymbol{\mu}(P) := \int_{\mathbb{R}} \mathbf{id}_{\mathbb{R}}\, dP$ für den *Erwartungswert* einer Verteilung $P \in \mathrm{Prob}(\mathbb{R})$. Für eine reellwertige Zufallsgröße X über einen Wahrscheinlichkeitsraum $(\Omega,\mathcal{F},Q)$ schreiben wir dann auch $\boldsymbol{\mu}(X)$ statt $\boldsymbol{\mu}(X \,\square\, Q)$. Entsprechende Symbolik verwenden wir für die *Varianz* $\boldsymbol{\sigma}^2(P) := \int (\mathbf{id}_{\mathbb{R}} - \boldsymbol{\mu}(P))^2\, dP$.

Lokations-Skalenmodell-Variante. Diese würden sich jedoch durch die echt kleineren Populationsklassen

$$\Delta_l' := \left\{ F^{-1}_{\mathbf{N}(\mu,\sigma^2)} : \mu \in \mathbb{R} \right\}, \quad \Delta_s' := \left\{ F^{-1}_{\mathbf{N}(\mu,\sigma^2)} : \sigma^2 \in]0,\infty[\right\}$$

und

$$\Delta_{ls}' := \left\{ F^{-1}_{\mathbf{N}(\mu,\sigma^2)} : (\mu,\sigma) \in \mathbb{R} \times]0,\infty[\right\}$$

ebenso ergeben. ◆

Die Mathematische Statistik in der gängigen Literatur startet allgemein mit einer nichtleeren Familie von Verteilungen $\mathcal{P}$ auf einem Messraum $(\mathfrak{X}, \mathcal{A})$, welche dann dort den Namen „statistisches Modell" trägt. Typische Beispiele sind die jeweils am Ende einer Transformationskette stehenden Familien in Beispiel 1.25. Mit der folgenden Definition vergeben wir diese Bezeichnung im Zusammenhang mit einem stichprobentheoretischen Ursprung.

1.26 Definition Jedes mit einem Morphismus (τ, K) transformierte Stichprobenexperiment $\mathbb{Q}$ heißt *statistisches Modell von* $\mathbb{Q}$ *vermöge* (τ, K). Ist $\mathcal{P} \in \mathrm{Prob}(\mathfrak{X}, \mathcal{A})^{\Theta}$ eine solche Transformation, so heißt das Tripel $(\mathfrak{X}, \mathcal{A}, \mathcal{P})$ *statistischer Raum.* ◆

Im transformierten Fall nennen wir für ein $P \in \mathcal{P}$ eine Zufallsgröße $S \sim P$ wieder *(nichtrealisierte) Stichprobe*, während ein $s \in \mathfrak{X}$ *(realisierte) Stichprobe* und der Messraum $(\mathfrak{X}, \mathcal{A})$ *Stichprobenraum* heißt.

Damit erweist sich insbesondere das Stichprobenexperiment $\mathbb{Q}(\mathcal{R}, q)$ selbst als ein statistisches Modell, nämlich als das vermöge des Identitätsmorphismus' $(\mathbf{id}_{\mathrm{H}}, \boldsymbol{\delta}_{\mathbf{id}_{\mathfrak{G}}})$. Betrachtet man ferner das Stichprobenexperiment $\mathbb{Q}(\mathcal{R}, \mathbf{v}_\Delta)$, also das für $\mathcal{R}$ unter der Vollerhebung $\mathbf{v}_\Delta$, so gilt $\mathbb{Q}(\mathcal{R}, \mathbf{v}_\Delta) = \mathcal{R}$. Damit ist eine Populationsannahme $\mathcal{R}$ als das Stichprobenexperiment $\mathbb{Q}(\mathcal{R}, \mathbf{v}_\Delta)$ selbst auch ein statistisches Modell im Sinne von Definition 1.26.

Statt der Herleitung einer Transformationskette wie in Beispiel 1.25 könnte man auch direkt mit einer Populationsannahme wie $\mathcal{R} := \left(\mathbf{N}^{\otimes n}_{\mu,\sigma^2} : \mu \in \mathbb{R} \right)$ beginnen und hierfür dann die triviale Situation der Vollerhebung betrachten. Man gewinnt dann das gleiche statistische Modell. In dem besagten Fall steht dann schematisch:

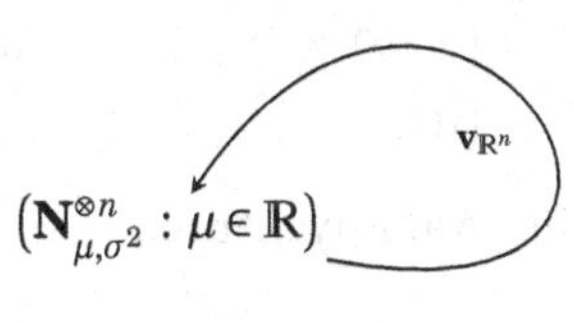

Doch diese Modellbildung ist eher eine „ad-hoc-Erklärung“ verglichen mit der Transformationskette aus Beispiel 1.25. Letzteres beschreibt anschaulich einen stichprobentheoretischen Pfad. Ausgehend von der Problemformulierung, ein $\mathbf{N}(\mu,\sigma^2)$-Phänomen untersuchen zu wollen, bewegen wir uns zum statistischen Modell $\left(\mathbf{N}^{\otimes n}_{\mu,\sigma^2} : \mu \in \mathbb{R}\right)$. Den Weg beschreiten wir dabei mit einem Stichprobenmechanismus, nämlich den des n-fachen unabhängigen Ziehens $\mathbf{u}_n$, sowie einer Anpassung des Informationsgehaltes durch (τ, M).

Wir ergänzen diese Betrachtungen an dieser Stelle noch um ein weiteres Beispiel isomorpher Modelle.

1.27 Beispiel Seien $(\Omega,\mathcal{F})$ ein Messraum, $X_i : (\Omega,\mathcal{F}) \to (\mathfrak{X}_i,\mathcal{A}_i)$ für $i = 1,\dots,n$ Zufallsgrößen und außerdem für $\Theta \subset \mathrm{Prob}(\Omega,\mathcal{F})$

$$\mathcal{P} := ((X_1,\dots,X_n) \,\square\, P : P \in \Theta),$$

so ist für eine Permutation $p \in \mathfrak{P}_n$:

$$\mathcal{P} \cong ((X_{p(1)},\dots,X_{p(n)}) \,\square\, P : P \in \Theta).$$

Als Isomorphismus (τ,K) wähle man $\tau := \mathbf{id}_\Theta$ und $K(x,\cdot) := \boldsymbol{\delta}_{(x_{p(1)},\dots,x_{p(n)})}$. Die Umkehrung gelingt offensichtlich mit p^{-1}. ◆

Wir schließen diesen Abschnitt mit Beispielen zur Modellbildung bei Waldinventuren. Dazu verwenden wir im Folgenden die Bezeichnung $\mathfrak{M}_c(\mathfrak{X})$ für die Menge aller atomfreien, lokalendlichen Maße auf $\mathfrak{X}$. Ferner steht $\mathbf{Poi}(M)$ mit einem $M \in \mathfrak{M}_c(\mathfrak{X})$ für die Verteilung des Poisson-Prozesses in $\mathfrak{X}$ mit Intensitätsmaß M (vgl. Bemerkung B.31, Seite 113).

1.28 Beispiel (Waldinventurexperimente) Wir betrachten zu $\mathfrak{R} := [a,b] \times [c,d]$ wieder die Populationsklasse $\Delta := \mathfrak{G}_e(\mathfrak{R},]0,\infty[)$ mit σ-Algebra $\mathcal{F} := \mathcal{C}(\mathfrak{R} \times]0,\infty[) \cap \Delta$. Als Populationsannahmen für Waldbestände könnten z. B.

$$\begin{aligned} \mathcal{R} &:= \left(\boldsymbol{\delta}_G : G \in \Delta\right) \\ \mathcal{R} &:= \left(\mathbf{Poi}(M) : M \in \mathfrak{M}_c(\mathfrak{R} \times]0,\infty[)\right) \end{aligned}$$

dienen. Letztlich erhalten wir mit den zuvor eingeführten Stichprobendesigns $\mathbf{w}_\mathrm{F}$ und $\mathbf{w}_{\mathrm{B},\alpha}$

$$\begin{aligned} \mathbb{Q}(\mathcal{R},\mathbf{w}_\mathrm{F}) &= \left(\mathbf{w}_\mathrm{F} \,\square\, \gamma : \gamma \in \mathcal{R}\right) \qquad \text{und} \\ \mathbb{Q}(\mathcal{R},\mathbf{w}_{\mathrm{B},\alpha}) &= \left(\mathbf{w}_{\mathrm{B},\alpha} \,\square\, \gamma : \gamma \in \mathcal{R}\right) \end{aligned}$$

als Stichprobenexperimente für Waldinventuren. ◆

Neben den beiden genannten Beispielen für Waldpopulationsannahmen werden häufig auch weitere Prozessklassen verwendet, wie die der *Cox-* oder *Gibbs-Prozesse*. Für eine kurze Darstellung dieser Punktprozesse verweisen wir auf Stoyan & Mecke (1983) oder Stoyan & Penttinen (2000). Zum Beispiel haben letztere wohl ein Stichprobendesign wie $\mathbf{w}_{\mathrm{B},\alpha}$ und mit einer entsprechend formulierten Populationsannahme $\mathscr{R}$ schließlich das Modell $\mathbb{Q}(\mathscr{R}, \mathbf{w}_{\mathrm{B},\alpha})$ im Hinterkopf, als sie das Problem der Bestimmung der Bestandesgrundfläche eines Waldbestandes ansprechen (siehe Stoyan & Penttinen, 2000, Abschnitt 3, Seite 64 f.).

1.4 Weitere Bemerkungen und Literaturhinweise

In der Literatur zur Stichprobentheorie werden meist nur Populationen mit einer endlichen Registermenge behandelt (siehe z. B. Kish, 1965, Cassel *et al.*,1977, Singh & Chaudhary, 1986, Särndal *et al.* 2003). Selbst dabei ist die Definition des Begriffs „Population" nicht einheitlich. Zum Teil wird ein N-Tupel $(y_1, ..., y_N)$ als Population bezeichnet. Andere verstehen unter einer Population eine Menge $\{y_1, ..., y_N\}$. Sehr häufig nennt man jedoch eine Menge von „labels" $\{1, ..., N\}$ Population und definiert separat zugleich den „Populationsparameter" $(y_1, ..., y_N)$ (vgl. Cassel *et al.*, 1977, Seite 6). Des Weiteren betrachten z. B. Cassel *et al.* (1977, Seite 4) nur die Situation, in der die Populationsgröße N bekannt ist. Ferner heißt eine randomisierte Population in der Literatur meist „Superpopulation" und wird dann als eine Verteilung auf $\mathbb{R}^N$ verstanden.

Hinsichtlich dieser Fokussierung auf endliche Populationen blieb der Versuch von Rao (1975), den stichprobentheoretischen Rahmen für allgemeinere Grundgesamtheiten zu formulieren, bisher unberücksichtigt. Dies änderte sich auch durch Bartlett (1986) sowie Cordy (1993) nicht, die darauf hinwiesen, dass eine Stichprobentheorie für endliche Populationen nicht genügt und entsprechende Beispiele lieferten: Temperaturverteilung in der Ebene oder im Raum, Schadstoffbelastung eines Flusses, Verteilung des Niederschlagswassers in einem Land, Waldinventuren. Überlegungen hierzu werden i. d. R. unabhängig bzw. gesondert von der klassischen Stichprobentheorie betrachtet und findet man (in der vorwiegend englischsprachigen Literatur) unter den Titeln „spatial statistics" oder „stereology". Eine Präzisierung des Begriffs Population als ein mathematisches Objekt, mit dem der Statistiker dann arbeitet, ist jedoch auch dort kaum zu finden. Anscheinend auch nicht so, dass man schließlich in dem Kontext normalverteilte Populationen als ein Beispiel betrachtet.

Nicht zuletzt wegen der genannten Beispiele weichen wir von der in der klassischen Stichprobentheorie verbreiteten Vorstellung von einer Population ab. Schließlich können wir mit der hier gegebenen Definition 1.2 (Seite 10) eine Stichprobe tatsächlich als einen Teil der Grundgesamtheit auffassen. Und in diesem Rahmen ist es dann auch sinnvoll, von der Untersuchung einer Population zu reden.[30]

Ein Stichprobendesign wird in der Literatur häufig als eine Zähldichte auf einer Menge $\mathfrak{S} \subset 2^{\{1,\dots,N\}}$ oder $\mathfrak{S}^* \subset \{s \in \{1,\dots,N\}^k : k \in \mathbb{N}\}$ definiert (siehe z. B. Cassel *et al.*, 1977, Seite 9 f.). Seltener, doch äquivalent zur Zähldichte, ist die Auffassung eines Designs als eine Verteilung auf $\mathfrak{S}$ bzw. $\mathfrak{S}^*$ wie bei Chaudhuri & Vos (1988, Seite 4).[31] Anscheinend sind Rubin-Bleuer & Schiopu-Kratina (2005, Definition 2.3) die ersten und möglicherweise die einzigen, die ein Stichprobendesign als ein Markov-Kern auffassen. Sie betrachten im Kontext unserer Definition 1.6 (Seite 15) Stichprobendesigns für die Populationsklasse $((\mathbb{R}^k)^N, \mathcal{B}((\mathbb{R}^k)^N))$, die jedoch nicht von der Untersuchungsvariable abhängen, sondern nur von sogenannten Hilfsvariablen. Unsere Definition unterscheidet sich also zum einen in diesem Punkt. Zum anderen betrachten wir außerdem ein Stichprobendesign im Zusammenhang mit einer vorweg formulierten Populationsklasse $(\Delta, \mathcal{F})$.

Zur Frage von Cassel *et al.* (1977, Seite v)

> „How should one explain the ambiguous role of ‚man-made randomization,‘ traditionally imposed in survey sampling in the form of a sampling design?“

liefern wir die Interpretation des Stichprobendesigns als einen (i. d. R. echt

[30] Man denke hierbei auch an die oft zitierte Frage von Fisher (1922, Seite 313): „Of what population is this a random sample?“

[31] In der Literatur heißt eine Zähldichte oder Verteilung auf $\mathfrak{S}^*$ *geordnetes Stichprobendesign*. In dieser Arbeit sehen wir von einer systematischen Einführung und Betrachtung solcher Art von Stichprobendesigns ab. Jedoch sei an dieser Stelle bemerkt, dass das zu $\mathbf{u}_n|_\Delta$ isomorphe Modell $\mathcal{U}_{\Delta,n}$ (vgl. Lemma 1.24, Seite 30) bzw. $\left(((u_1, G(u_1)), \dots, (u_n, G(u_n))) \square \mathbf{U}_{]0,1[^n} : G \in \Delta\right) \cong \mathcal{U}_{\Delta,n}$ (vgl. Beispiel 1.27, Seite 34) als ein Beispiel für ein geordnetes Stichprobendesign in dem hier formulierten Rahmen betrachtet werden kann.

randomisierten) statistischen Morphismus. Demnach transformiert ein Stichprobendesign q eine Populationsannahme $\mathcal{R}$ zu dem Stichprobenexperiment $\mathbb{Q}(\mathcal{R}, q)$. Und letzteres ist jene Familie von Verteilungen, die in dieser oder einer transformierten Form in der Mathematischen Statistik als Modell zugrunde gelegt wird.

Wie schon erwähnt bildet ein solches Modell den Startpunkt in der Mathematischen Statistik. Witting (1985, Seite 11) schreibt, „daß in [seinem] Buch weder Fragen der Versuchsplanung noch solche des Ziehens von Stichproben behandelt werden“, verweist hierbei in einer Fußnote auf Krafft (1978) und Cassel *et al.* (1977) und fährt fort: „Vielmehr wird unterstellt, daß die Art der Versuchsausführung bereits in dem zugrundegelegten Modell seinen Niederschlag gefunden hat.“ Da jedoch Cassel *et al.* (1977) lediglich (randomisierte) Populationen mit endlichem Register $\{1, ..., N\}$ betrachten, lassen sich die Normalverteilungsmodelle wie $(\mathbf{N}^{\otimes n}_{\mu,\sigma^2} : \mu \in \mathbb{R})$ auf der Basis dieses Literaturverweises nur durch

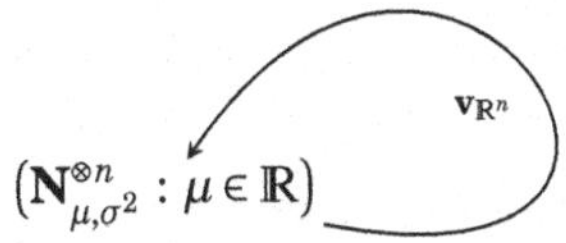

erklären, also im Sinne der Vollerhebungen aus den echt randomisierten Populationen $\mathbf{N}^{\otimes n}_{\mu,\sigma^2}$. Die in Beispiel 1.25 gegebene Modellerklärung kann dabei jedoch nicht gemeint sein bzw. herangezogen werden.

Für die Formulierung eines statistischen Modells als Familie von Verteilungen in der Stichprobentheorie warb vermutlich Basu (1969) als erster. In der Regel sind diese Modelle durch einen sehr großen Parameterraum versehen. Man betrachtet letztlich Modelle wie $(\mathbf{u}_{\mathrm{OZ}(n)}(G, \cdot) : G \in \mathbb{R}^N)$. Sicherlich sprechen deshalb einige Autoren gelegentlich in diesem Zusammenhang von „nichtparametrischen“ Modellen.

Im Hinblick auf die Verwendung von statistischen Morphismen ist diese Modellformulierung in der Stichprobentheorie ganz entscheidend. Schon Blackwell (1951, 1953) führte einen Transformationsbegriff ein, um den Informationsgehalt statistischer Modelle zu vergleichen. Die in dieser Arbeit verwendete Definition des statistischen Morphismus' von Mattner (2012) basiert auf dem von Brøns (2002) gelieferten Diskussionsbeitrag zu

McCullagh (2002). Der Nutzen dieser Transformationen liegt u. a. in der Modellbildung (vgl. z. B. Beispiel 1.25, Seite 32). Außerdem werden wir mit ihnen später Beziehungen zwischen einzelnen, scheinbar verschiedenen Modellen und statistischen Verfahren aufzeigen (siehe Abschnitt 3.2 und 3.3).

Zwei wichtige Punkte, die im Rahmen dieses Kapitels jedoch unberücksichtigt blieben, sind zum einen die Behandlung von mehrstufigen Stichprobendesigns und zum anderen die Verwendung bzw. das Integrieren von Hilfsvariablen. Beispielsweise versucht man bei Waldinventuren Informationen, die durch Satellitenbilder vorliegen, für eine verbesserte Beschreibung der Population zu nutzen.

2 Statistische Entscheidungen

Auf der Grundlage einer Stichprobe möchten wir nun über die zugrunde liegende Population eine Aussage treffen. Solche Aussageformulierungen lassen sich in drei statistische Probleme einteilen, die in dem ersten Abschnitt kurz besprochen werden. Zwei Beispiele, die im Kontext der Forstwirtschaft auftreten, sollen die zugehörigen statistischen Fragestellungen veranschaulichen. Für entsprechende Beispiele zu den Normalverteilungsmodellen verweisen wir bereits an dieser Stelle auf eines der klassischen Werke zur Mathematischen Statistik wie z. B. Witting (1985), Pfanzagl (1994) oder Lehmann & Casella (1998).

Während beim zweiten Abschnitt lediglich die Rolle eines statistischen Verfahrens als Morphismus betont werden soll, betrachten wir wie Pfanzagl (1994) bei den Bewertungskonzepten (dritter Abschnitt) ganze Klassen von Verlustfunktionen und weichen damit etwas von der üblicheren Darstellung in der Literatur ab (vgl. Witting, 1985; Lehmann & Casella, 1998). Abgesehen hiervon sind jedoch die in diesem Kapitel geklärten Konzepte und Begriffe durchweg geläufig.

Für das gesamte Kapitel sei mit $\mathcal{P} := (P_\vartheta : \vartheta \in \Theta)$ ein statistisches Modell auf $(\mathfrak{X}, \mathcal{A})$ gegeben sowie $(\Gamma, \mathcal{G})$ ein weiterer Messraum.

2.1 Fragestellungen in der Statistik

Für eine sehr elementare statistische Fragestellung steht das *Testproblem*. Hierbei interessiert, ob die zugrundeliegende Verteilung zu einer gewissen Teilfamilie $\mathcal{P}_0 \subset \mathcal{P}$ von Wahrscheinlichkeitsmaßen gehört. Dabei nennt man $\mathcal{P}_0$ *Hypothese*, $\mathcal{P} \setminus \mathcal{P}_0$ *Alternative* und schreibt für das Testproblem kurz das Tupel $(\mathscr{P},\mathscr{P}_0)$. [1]

In der Forstwirtschaft fragt man z. B. nach den Gesetzmäßigkeiten, die für eine Waldbestandsentwicklung verantwortlich sind und testet die Baumanordnungen auf „vollkommende räumliche Zufälligkeit“. Als Fortsetzung des Beispiels 1.28 konkretisieren wir diese Problemstellung mit Hilfe der Gleichverteilungseigenschaft homogener Poisson-Prozesse (vgl. Bemerkung B.33, Seite 114) durch das folgende Beispiel.

2.1 Beispiel (Waldinventur) Es seien $\mathrm{R} := [a,b]\times[c,d]\subset\mathbb{R}^2$ eine interessierende Waldfläche, $\mathscr{R} := \big(\mathbf{Poi}(M) : M \in \mathfrak{M}_c(\mathrm{R}\times\,]0,\infty[)\big)$ eine Populationsannahme und q ein Stichprobendesign wie $\mathbf{w}_{\mathrm{F,r}}$ oder $\mathbf{w}_{\mathrm{B},\alpha}$. Man testet dann z. B. die Hypothese

$$\mathscr{W}_0 := \big(q \,\square\, \mathbf{Poi}(M) : \mathrm{pr}_{\mathrm{R}} \,\square\, M = \alpha\,\boldsymbol{\lambda}^2|_{\mathrm{R}} \text{ für ein } \alpha\in\,]0,\infty[\big)$$

gegen die Alternative $\mathbb{Q}(\mathscr{R},q)\setminus\mathscr{W}_0$.[2] ◆

Eine weitere Problemklasse umfasst die sogenannten *Bereichsschätzprobleme*. Hierbei betrachtet man einen *Parameter*, d. h. eine Funktion $\kappa : \Theta \to \Gamma$ und versucht auf der Basis einer Beobachtung $x \in \mathfrak{X}$ einen Bereich $K \subset \Gamma$ zu bestimmen, welcher den interessierenden Parameterwert $\kappa(\vartheta)$ der zugrundeliegenden Verteilung P_ϑ mit einer „hohen“, vorgegebenen Wahrscheinlichkeit überdeckt.

Letztlich möchte man den Parameterwert $\kappa(\vartheta)$ auf der Basis einer Stichprobe direkt beziffern. Dies sind die *Schätzprobleme*, wofür wir kurz $(\mathscr{P},\kappa)$ schreiben. Mit ihnen werden wir uns im weiteren Verlauf beschäftigen.

Ein zentraler Aspekt bei Waldinventuren ist die Bestimmung des gesamten Holzvolumens eines Bestandes. Die Schätzung dieser Holzmasse beruht dabei ganz wesentlich auf den Grundflächen der einzelnen Holzstämme.

2.2 Beispiel (Bestandesgrundfläche) Sei γ die Verteilung eines endlichen markierten Punktprozesses, der für eine Waldpopulation steht, wobei die Punkte $r = (r_1,r_2)\in\mathrm{R}$ die Baumkoordinaten und $y\in\,]0,\infty[$ als Marke die Brusthöhendurchmesser darstellen. Dann heißt

$$\boldsymbol{\beta}^*(\gamma) := \int \sum_{(r,y)\in G} \frac{y^2\pi}{4}\,\gamma(\mathrm{d}G)$$

[1]Man verwende $\mathscr{P}$ und $\mathscr{P}_0$ als Graphen in $\Theta\times\mathrm{Prob}(\mathfrak{X})$, so dass die Betrachtung der Mengeninklusion und der mengentheoretischen Differenz sinnvoll ist.

[2]Solche bzw. ähnliche Fragestellungen und damit auch ein ähnliches Testproblem betrachteten zum Beispiel Boyden *et al.* (2005). Des Weiteren sei an dieser Stelle auf Stoyan & Penttinen (2000, Abschnitt 6.1) verwiesen.

die *Bestandesgrundfläche* der Waldpopulation γ, wobei sich der Name durch die Idealisierung der Stammesgrundfläche als Kreis rechtfertigt. Häufig wird diese Bestandesgrundfläche auch relativ und zwar in Bezug auf die Waldfläche $\lambda^2(\mathfrak{R})$ ausgewiesen, d. h. $\boldsymbol{\beta}(\gamma) := \frac{\boldsymbol{\beta}^*(\gamma)}{\lambda^2(\mathfrak{R})}$. Ist $\mathscr{W}$ z. B. eines der Modelle aus Beispiel 1.28, so ist $(\mathscr{W}, \boldsymbol{\beta})$ das in der Statistik zu behandelnde Schätzproblem. ◆

2.2 Statistische Verfahren

Bei allen drei statistischen Problemen sind wir jeweils an einer Auswahl bzw. Entscheidung für ein Element d aus der Gesamtheit aller möglichen Aussagen interessiert. Diese Menge aller möglichen Aussagen wird im Folgenden mit $\mathfrak{D}$ bezeichnet und heißt *Entscheidungsraum*. Entsprechend der Problemstellung weist $\mathfrak{D}$ unterschiedliche Strukturen auf. So suchen wir bei Schätzproblemen Elemente aus $\mathfrak{D} = \Gamma$, Konfidenzbereiche sind als Elemente in $\mathfrak{D} = 2^\Gamma$ auszuwählen und bei Testproblemen entscheiden wir lediglich, ob die Hypothese zu verwerfen ist oder nicht. Im letzten Fall ist also eine Entscheidung für ein Element aus einer zweielementigen Menge, klassischerweise $\mathfrak{D} = \{0, 1\}$, zu fällen.

Die Entscheidungsfindung soll letztlich auf unserer Stichprobe $x \in \mathfrak{X}$ basieren. Sei im Folgenden $\mathscr{D}$ eine σ-Algebra auf $\mathfrak{D}$, so beschäftigen wir uns also nun mit speziellen Morphismen, die das Modell $\mathscr{P}$ zu einem auf $(\mathfrak{D}, \mathscr{D})$ transformieren.

2.3 Definition Jeder Markov-Kern δ von $(\mathfrak{X}, \mathscr{A})$ nach $(\mathfrak{D}, \mathscr{D})$ heißt *(randomisiertes statistisches Entscheidungs-)Verfahren* auf dem Stichprobenraum $\mathfrak{X}$ mit Entscheidungsraum $\mathfrak{D}$. Die Menge aller statistischen Verfahren bezeichnen wir mit $\mathfrak{E} = \mathfrak{E}(\mathfrak{X}, \mathfrak{D})$. ◆

Ist δ ein statistisches Verfahren auf dem Stichprobenraum $\mathfrak{X}$ mit Entscheidungen in $\mathfrak{D}$, so sind wir bei Vorliegen der Beobachtung x mit der Verteilung $\delta(x, \cdot)$ konfrontiert. Ein Zufallsexperiment mit dieser Verteilung ist dann durchzuführen. Eine darunter beobachtete Realisation ist schließlich unsere Entscheidung. Für ein $D \in \mathscr{D}$ steht die Wahrscheinlichkeit $\delta(x, D)$ also dafür, dass bei Vorliegen der Beobachtung x eine Entscheidung aus D gefällt wird.

Ein echt randomisiertes Entscheidungsverfahren stellt in der Praxis eine sehr unbefriedigende Situation dar und tritt dann auf, wenn die Stichprobe keine klare Aussage ermöglicht. Gerade bei Testproblemen kann das vorkommen.

2.4 Beispiel (Testverfahren) Wir betrachten ein Testproblem $(\mathcal{P}, \mathcal{P}_0)$ sowie $\mathfrak{D} = \{0,1\}$. Sei $\psi : \mathfrak{X} \to [0,1]$ eine messbare Abbildung und bezeichne $\mathbf{B}_p$ die Bernoulli-Verteilung mit Eintrittswahrscheinlichkeit $p \in [0,1]$. Dann ist $\mathbf{B}_{\psi(\cdot)}$ ein statistisches Verfahren, ein sogenanntes *Testverfahren*. Man nennt auch ψ selbst *Testverfahren* bzw. kurz *Test*.[3] ◆

Anders als in der Testtheorie kann man sich in der Schätztheorie oftmals auf die Menge der *deterministischen Verfahren*[4] zurückziehen, d. h. statistische Verfahren der Gestalt $\delta = \boldsymbol{\delta}_T$ mit einer messbaren Abbildung $T : \mathfrak{X} \to \mathfrak{D}$. Wir gehen später etwas näher darauf ein, formulieren hier jedoch schon einmal die beiden Beispiele:

2.5 Beispiel (Konfidenzbereiche) Betrachte den Parameter $\kappa : \Theta \to \Gamma$ und eine Funktion $K : \mathfrak{X} \to 2^\Gamma$ mit der Eigenschaft

$$\{K \ni c\} := \{x \in \mathfrak{X} : K(x) \ni c\} \in \mathcal{A}$$

für jedes $c \in \kappa(\Theta)$. Dann ist $\boldsymbol{\delta}_K$ ein statistisches Verfahren, welches man *Konfidenzbereich* für $(\mathcal{P}, \kappa)$ nennt. Gewöhnlich trägt K selbst auch diesen Namen. Weiterhin heißt die Funktion

$$\vartheta \mapsto P_\vartheta\big(\{K \ni \kappa(\vartheta)\}\big)$$

Überdeckungswahrscheinlichkeiten von K und $\inf_{\vartheta\in\Theta} P_\vartheta\big(\{K \ni \kappa(\vartheta)\}\big)$ *effektives Konfidenzniveau*. Gilt dabei $\inf_{\vartheta\in\Theta} P_\vartheta\big(\{K \ni \kappa(\vartheta)\}\big) \geq \beta$ für ein $\beta \in [0,1]$, so spricht man von einem *β-Konfidenzbereich* und β heißt *Konfidenzniveau* für K. ◆

2.6 Beispiel (Schätzer) Sei $\widehat{\kappa} : \mathfrak{X} \to \Gamma$ eine messbare Abbildung, dann ist mit $\boldsymbol{\delta}_{\widehat{\kappa}(\cdot)}$ ein statistisches Verfahren gegeben. Wir nennen $\boldsymbol{\delta}_{\widehat{\kappa}(\cdot)}$ bzw. $\widehat{\kappa}$ *Schätzer*[5] für das Schätzproblem $(\mathcal{P}, \kappa)$. Für die realisierte Stichprobe $x \in \mathfrak{X}$ wird der Schätzwert $\widehat{\kappa}(x)$ als Approximation für $\kappa(\vartheta)$ interpretiert. ◆

---

[3] In der Literatur wird oftmals $\psi := \mathbb{1}_C$ für ein $C \in \mathcal{B}$ *Test* und eine messbare Abbildung $\psi : \mathfrak{X} \to [0,1]$ *kritische Funktion* genannt.

[4] In Analogie zur Definition 2.3 sollte man hierbei ausführlich von einem *(deterministischen statistischen Entscheidungs-)Verfahren* sprechen.

[5] Man spricht gelegentlich auch von einem *Punktschätzer*, wobei diese Namensgebung sich wohl dadurch erklärt, dass ein Schätzer sich (unter gewissen Voraussetzungen) als entarteter Bereichsschätzer interpretieren lässt. Man vergleiche hierzu die Bemerkung A.13 (Seite 92) sowie die Erläuterungen zur Definition B.1 (Seite 100).

Das Grundprinzip der Statistik besteht also in der Durchführung gewisser Transformationen, welche in dem folgenden kommutativen Diagramm zusammengefasst werden:[6]

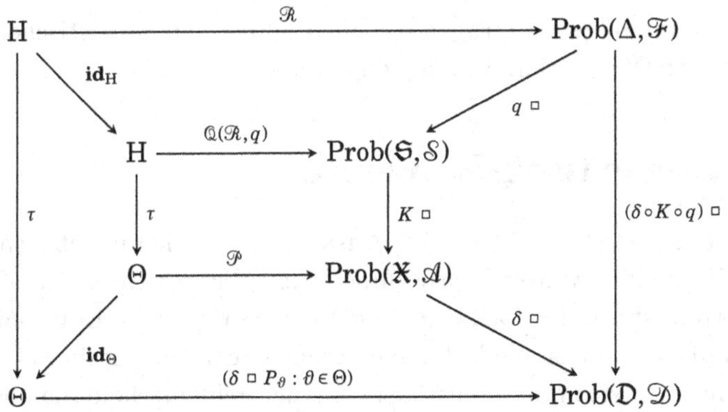

Vom Ausgangspunkt einer zu rechtfertigenden Wahl einer Populationsklasse $\Delta \subset \mathfrak{G}(\mathfrak{R}, \mathfrak{Y})$ zusammen mit der einer Populationsannahme $\mathscr{R} \in \mathrm{Prob}(\Delta)^{\mathrm{H}}$ wollen wir uns zu einer Verteilungsfamilie auf dem Entscheidungsraum $(\mathfrak{D}, \mathscr{D})$ bewegen. Letztere, also

$$\mathfrak{S}(q, K, \delta) := \big((\delta \circ K \circ q) \,\square\, \gamma_\eta : \eta \in \mathrm{H}\big),$$

wird dabei entscheidend sowohl vom Stichprobendesign q als auch vom statistischen Verfahren δ geprägt. Obendrein und genauso bedeutsam ist der ggf. vorhandene (Anpassungs-)Morphismus (τ, K). Für einen Parameter $\eta \in \mathrm{H}$ beschreibt die Verteilung $\mathfrak{S}(q, K, \delta)(\eta)$ gerade das aus einer zufälligen Stichprobe resultierende Entscheidungsverhalten. Dementsprechend steht die Familie $\mathfrak{S}(q, K, \delta)$ für die *statistischen Eigenschaften* der von q, K und δ beschriebenen *Strategie*.

Mit der hier üblichen Notation für statistische Morphismen[7] können wir für die obige Situation auch kurz das kommutative Diagramm

[6] vgl. ggf. entsprechende Definitionen und Bemerkungen in Abschnitt 1.2 und 1.3: Stichprobendesign (Definition 1.6, Seite 15), Populationsannahme und Stichprobenexperiment (Definition 1.17, Seite 27), Morphismen (Definition 1.20, Seite 28) sowie Beispiel 1.23 (Seite 30).

[7] vgl. ggf. Definition 1.20 und die darauffolgenden Erläuterungen

$$\mathcal{R} \xrightarrow{q} \mathfrak{Q} \xrightarrow{(\tau,K)} \mathcal{P} \xrightarrow{\delta} \mathfrak{S}(q,K,\delta)$$
$$\mathcal{R} \xrightarrow{(\tau,\delta\circ K\circ q)} \mathfrak{S}(q,K,\delta)$$

schreiben. Im Folgenden fragen wir nach „günstigen“ statistischen Eigenschaften von $\mathfrak{S}(q,K,\delta)$ in Abhängigkeit von δ.

2.3 Bewertungskonzepte

Wünschenswert ist natürlich eine Aussage $d \in \mathfrak{D}$, die hinsichtlich der zugrundeliegenden „wahren“ Verteilung P_ϑ „möglichst richtig“ ist. Mit anderen Worten ist auf der Basis einer Stichprobe $x \in \mathfrak{X}$ eine Entscheidung d gesucht, die keinen, zumindest keinen großen Schaden anrichtet. Unter der Annahme, dass sich nun dieses Ausmaß einer Fehlentscheidung überhaupt quantifizieren lässt, definieren wir hierfür den Begriff der Verlustfunktion.

2.7 Definition Für ein Modell $\mathcal{P} := (P_\vartheta : \vartheta \in \Theta)$ nennen wir eine nichtnegative Funktion $L : \mathfrak{D} \times \Theta \to [0,\infty[$ mit $L(\cdot,\vartheta)$ messbar für jedes $\vartheta \in \Theta$ *Verlustfunktion*. ◆

Der Funktionswert $L(d,\vartheta)$ reflektiert also den Schaden, der durch eine Entscheidung für d entsteht, wenn tatsächlich P_ϑ vorliegt. Bei der Konstruktion von Verlustfunktionen ist es deshalb sinnvoll im Fall einer korrekten Entscheidung $L(d,\vartheta) = \inf(\mathrm{ran}(L))$ jeweils für $\vartheta \in \Theta$ zu fordern, darüber hinaus vielleicht sogar $\inf(\mathrm{ran}(L)) = 0$.[8]

Bei einem Testproblem treten zwei Fehlerarten auf: Wird die Hypothese $\mathcal{P}_0$ fälschlicherweise abgelehnt, so redet man vom *Fehler erster Art*. Hingegen spricht man vom *Fehler zweiter Art*, wenn die Hypothese falsch ist, jedoch nicht verworfen wird. In beiden Fällen ist oft eine feste Schadensbezifferung sinnvoll und gerechtfertigt. Wir erhalten somit (vgl. Witting, 1985, Seite 13):

2.8 Beispiel (Neyman-Pearson-Verlustfunktion) Betrachte ein Testproblem $(\mathcal{P},\mathcal{P}_0)$ und somit den Entscheidungsraum $\mathfrak{D} = \{0,1\}$ mit der Codie-

[8]Pfanzagl (1994, Definition 2.5.1, Seite 90) fordert dies bereits in seiner Definition einer Verlustfunktion. Tatsächlich bereitet jedoch das Mitführen und Betrachten der allgemeineren Verlustfunktionen zumindest hier keine Umstände.

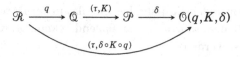

rung 1 = „Hypothese wird verworfen", 0 = „Hypothese wird nicht verworfen". Dann ist mit $a_0, a_1 > 0$

$$L_{\mathrm{NP}}(0,\vartheta) := \begin{cases} 0, & \text{falls } \vartheta \in \Theta_0 \\ a_0, & \text{falls } \vartheta \in \Theta_1 \end{cases} \quad \text{und} \quad L_{\mathrm{NP}}(1,\vartheta) := \begin{cases} a_1, & \text{falls } \vartheta \in \Theta_0 \\ 0, & \text{falls } \vartheta \in \Theta_1 \end{cases}$$

die i. d. R. verwendete Verlustfunktion in der Testtheorie. ◆

Bei Schätzproblemen ist eine Quantifizierung des Schadens in Abhängigkeit der Abweichung des Schätzwertes vom „wahren" Parameter wünschenswert. Wir benötigen hierzu Zusatzstrukturen auf der Menge Γ und ziehen uns dabei auf die Betrachtung von $\Gamma = \mathbb{R}$ zurück. Für reellwertige Parameter treten dann häufig die folgenden Verlustfunktionen auf.

2.9 Beispiel Betrachte das Schätzproblem $(\mathscr{P}, \kappa)$ mit $\kappa : \Theta \to \mathbb{R}$. Dann sind für $p \in]1, \infty[$

$$L_p(d,\vartheta) := |d - \kappa(\vartheta)|^p \qquad (d,\vartheta) \in \mathfrak{D} \times \Theta$$

typische Beispiele für Verlustfunktionen mit der Eigenschaft $L_\varphi(\kappa(\vartheta), \vartheta) = 0$ für jedes $\vartheta \in \Theta$. Allgemeiner ist mit einer konvexen Funktion $\varphi : \mathbb{R} \to [0, \infty[$, für welche $\varphi(0) = 0$ gilt,

$$L_\varphi(d,\vartheta) := \varphi\big(d - \kappa(\vartheta)\big) \qquad (d,\vartheta) \in \mathfrak{D} \times \Theta$$

eine konvexe Verlustfunktion, welche auch $L_\varphi(\kappa(\vartheta), \vartheta)) = 0$ für jedes $\vartheta \in \Theta$ erfüllt. ◆

Die Verlustfunktion L_2 wird gelegentlich auch als *quadratische* oder *Gauß'sche-Verlustfunktion* bezeichnet und sehr häufig verwendet. Die Popularität dieser Fehlerbetrachtung ist einerseits vermutlich auf die Verwendung in den Arbeiten von Gauß zurückzuführen. Andererseits kann der Gebrauch auch dahingehend begründet werden, dass in dem Fall, wo mit der tatsächlich vorliegenden Verlustfunktion L zum einen $L(\kappa(\vartheta), \vartheta) = 0$ für alle $\vartheta \in \Theta$ gilt und zum anderen die Abbildungen $\vartheta \mapsto L(d, \vartheta)$ für jede Entscheidung $d \in \mathfrak{D}$ zweifach stetig differenzierbar sind, sich L eben auch durch die quadratische Abweichung approximieren lässt (vgl. Witting, 1985, Seite 12 f.).

Durch eine entsprechende Wahl einer konvexen Funktion φ wie im obigen Beispiel lassen sich eben auch asymmetrische Schadensszenarien um $\kappa(\vartheta)$ modellieren.

Die Bewertung eines statistischen Verfahrens δ basiert auf dem unter den Verteilungen P_ϑ erwarteten Verlust, d. h. auf denen auch *Risiko* genannten Werten

$$R(\delta,\vartheta,L) := \int_{\mathfrak{X}} \int_{\Gamma} L(e,\vartheta)\,\delta(x,\mathrm{d}e)\,P_\vartheta(\mathrm{d}x)$$

für $\vartheta \in \Theta$ und einer Verlustfunktion L. Als Beispiel ergibt sich für die in der Schätztheorie häufig verwendete quadratische Verlustfunktion:

2.10 Beispiel (Mittlere quadratische Abweichung) Sei $\widehat{\kappa}$ ein Schätzer für das Schätzproblem $(\mathcal{P},\kappa)$, dann bezeichnen wir mit

$$\mathrm{mse}(\widehat{\kappa},\vartheta) := R(\boldsymbol{\delta}_{\widehat{\kappa}},\vartheta,L_2) = \int_{\mathfrak{X}} (\widehat{\kappa}(x)-\kappa(\vartheta))^2\,P_\vartheta(\mathrm{d}x)$$

die *mittlere quadratische Abweichung*[9] von $\widehat{\kappa}$ unter ϑ. Für die gilt offensichtlich

$$\mathrm{mse}(\widehat{\kappa},\vartheta) = \boldsymbol{\sigma}^2(\widehat{\kappa} \,\Box\, P_\vartheta) + (\boldsymbol{\mu}(\widehat{\kappa} \,\Box\, P_\vartheta) - \kappa(\vartheta))^2.$$

Man nennt dabei $\boldsymbol{\mu}(\widehat{\kappa} \,\Box\, P_\vartheta) - \kappa(\vartheta)$ die *Verzerrung* von $\widehat{\kappa}$. ◆

Betrachten wir nun zwei statistische Verfahren δ_1, δ_2, so liegt es nahe deren Risiken simultan miteinander zu vergleichen, d. h.

$$R(\delta_1,\vartheta,L) \le R(\delta_2,\vartheta,L) \qquad (\vartheta \in \Theta) \tag{2.1}$$

bzgl. der vorliegenden Verlustfunktion L zu prüfen. Tatsächlich ist diese Funktion uns im Allgemeinen nicht bekannt. Wünschenswert ist daher, den simultanen Vergleich (2.1) über eine ganze Klasse an Verlustfunktionen $\mathcal{L}$ zu strecken, welche dann vermutlich die „wirkliche" Verlustfunktion enthält.

2.11 Definition Es seien δ_1, δ_2 zwei statistische Verfahren, $\mathcal{P}$ ein statistisches Modell sowie $\mathcal{L}$ eine Klasse von Verlustfunktionen. Dann heißt δ_1 *besser* als δ_2 für $(\mathcal{P},\mathcal{L})$, in Zeichen $\delta_1 \preceq_{(\mathcal{P},\mathcal{L})} \delta_2$, falls

$$R(\delta_1,P,L) \le R(\delta_2,P,L) \quad \text{für alle } (P,L) \in \mathcal{P} \times \mathcal{L}$$

gilt. Ferner heißt δ_1 *echt besser* als δ_2, falls $\delta_1 \preceq_{(\mathcal{P},\mathcal{L})} \delta_2$ und $R(\delta_1,P,L) < R(\delta_2,P,L)$ für ein $(P,L) \in \mathcal{P} \times \mathcal{L}$ ist.

[9] Der Name entspricht der direkten Übersetzung der im Englischen verwendeten Bezeichnung „mean square error".

Ein Verfahren δ heißt *zulässig*, falls es kein echt besseres Verfahren als δ gibt. Darüber hinaus heißt δ *optimal* in einer Klasse statistischer Verfahren $\mathfrak{V}$, falls $\delta \preceq_{(\mathscr{P},\mathscr{L})} \eta$ für alle $\eta \in \mathfrak{V}$ gilt. ◆

Wir schließen diesen Abschnitt mit einer weiteren Präferenzrelation speziell für die Schätztheorie. Dort wünscht man sich von einem Schätzer $\widehat{\kappa}$ wohl intuitiv statistische Eigenschaften wie etwa

$$\widehat{\kappa} \,\square\, P_\vartheta \approx \boldsymbol{\delta}_{\kappa(\vartheta)} \qquad \text{für } \vartheta \in \Theta,$$

also eine möglichst starke Konzentration der Wahrscheinlichkeitsmasse von $\widehat{\kappa} \,\square\, P_\vartheta$ um den „wahren" Parameterwert $\kappa(\vartheta)$. Für solche Konzentrationsvergleiche gibt es zahlreiche (Quasi-)Ordnungen auf Prob($\mathbb{R}$). Wir beschränken uns auf eine, nämlich auf die durch

$$P \leq_{\mathrm{cx}} Q :\Leftrightarrow \boldsymbol{\mu}(P) \in \mathbb{R} \quad \text{und} \quad \int \varphi \,\mathrm{d}P \leq \int \varphi \,\mathrm{d}Q \quad \forall \varphi \text{ konvex}$$

beschriebene Ordnung auf Prob($\mathbb{R}$) (vgl. Mattner, 2010b, Bemerkung 8.3 (e)). In der Schätztheorie interessiert man sich dann für den folgenden Vergleich. Wir verwenden dabei die Bezeichnung $\Phi := \{\varphi \in \mathbb{R}^{\mathbb{R}} : \varphi \text{ konvex}\}$.

2.12 Definition (konvexkonzentrierter) Seien $\widehat{\kappa}_1, \widehat{\kappa}_2$ zwei Schätzer und ist $\widehat{\kappa}_1 \,\square\, P_\vartheta \leq_{\mathrm{cx}} \widehat{\kappa}_2 \,\square\, P_\vartheta$ für jedes $\vartheta \in \Theta$, so heißt $\widehat{\kappa}_1$ *konvexkonzentrierter* als $\widehat{\kappa}_2$. Wir schreiben dann entsprechend $\boldsymbol{\delta}_{\widehat{\kappa}_1} \preceq_{(\mathscr{P},\Phi)} \boldsymbol{\delta}_{\widehat{\kappa}_2}$ (vgl. Definition 2.11). Analog erklären sich die Begriffe zulässig und optimal bzgl. $\preceq_{(\mathscr{P},\Phi)}$.[10] ◆

In der Gesamtheit aller (deterministischen) Schätzer $\mathfrak{L}(\mathfrak{X})$ existiert im Allgemeinen kein optimales Element (bzgl. $\preceq_{(\mathscr{P},\Phi)}$).[11] Ein entsprechendes Gegenbeispiel ist schnell formuliert.

2.13 Beispiel Sei $\mathscr{P} := (P_\vartheta : \vartheta \in \Theta)$ ein statistisches Modell auf $(\mathfrak{X}, \mathscr{A})$, $\kappa : \Theta \to \mathbb{R}$ ein Parameter, so ist für $\vartheta_0 \in \Theta$ der Schätzer $\widehat{\kappa}_{\vartheta_0} \equiv \kappa(\vartheta_0)$ zulässig. Im Fall $|\kappa(\Theta)| \geq 2$ existiert dann bzgl. $\preceq_{(\mathscr{P},\Phi)}$ kein optimaler Schätzer in der Menge aller Schätzer. ◆

Die Konstruktion des Gegenbeispiels 2.13 basiert darauf, dass wir dort Schätzer betrachten dürfen, bei denen wir zwar für einen gewissen Parame-

[10] Weitere (Quasi-)Ordnungen für Schätzer, die näher in Verbindung mit der Präferenzrelation aus Definition 2.11 stehen, werden z. B. in Pfanzagl (1994) und Mattner (2010b, Definition 8.2) gegeben.

[11] Beachte, dass die Menge $\mathfrak{L}(\mathfrak{X})$ mit der Menge aller deterministischen Schätzer $\{K \in \mathfrak{E}(\mathfrak{X}, \mathbb{R}) : K \text{ deterministisch}\}$ identifiziert werden kann.

ter ϑ_0 kein Entscheidungsrisiko eingehen, dies jedoch mit dem Risikoverhalten bei den sonstigen Parametern $\vartheta \neq \vartheta_0$ bezahlen. Hinsichtlich dessen werden wir uns im nächsten Kapitel auf die Klasse der sogenannten erwartungstreuen Schätzer einschränken und unter ihnen nach den optimalen suchen.

2.4 Weitere Bemerkungen und Literaturhinweise

Die hier formulierten Begriffe und Konzepte findet man nahezu in jedem Lehrbuch zur Mathematischen Statistik. Doch gerade durch die Verwendung statistischer Morphismen zur Modellbildung (siehe Abschnitt 1.3, Seite 26 ff.) stehen diese Definitionen nun auch in der notwendigen Präzision für die Stichprobentheorie zur Verfügung.

Ein Aspekt, der hier sicherlich nicht allgemein genug betrachtet wurde, ist der der Präferenzrelation (siehe Definition 2.11, Seite 46). Denn ein entsprechender Vergleich von Schätzern wird nicht selten (insgeheim) auch auf der Basis einer Familie von Vorbewertungen vollzogen, womöglich wie in der folgenden Definition:

2.14 Definition Seien δ_1, δ_2 zwei statistische Verfahren, $\mathscr{P} := (P_\vartheta : \vartheta \in \Theta)$ ein statistisches Modell und $\mathscr{F}$ eine σ-Algebra auf Θ. Des Weiteren sei $\mathscr{L}$ eine Klasse von Verlustfunktionen und $\mathscr{H} \subset \operatorname{Prob}(\Theta, \mathscr{F})$ eine Menge von Vorbewertungen. Dann heißt δ_1 *besser* als δ_2 für $(\mathscr{H}, \mathscr{L})$, in Zeichen $\delta_1 \preceq_{(\mathscr{H},\mathscr{L})} \delta_2$, falls

$$\int_\Theta R(\delta_1, \vartheta, L)\eta(\mathrm{d}\vartheta) \leq \int_\Theta R(\delta_2, \vartheta, L)\eta(\mathrm{d}\vartheta) \quad \text{für alle } (\eta, L) \in \mathscr{H} \times \mathscr{L} \tag{2.2}$$

gilt. Ferner heißt δ_1 *echt besser* als δ_2, falls $\delta_1 \preceq_{(\mathscr{H},\mathscr{L})} \delta_2$ und in (2.2) für ein $(\eta, L) \in \mathscr{H} \times \mathscr{L}$ eine echt kleinere Beziehung besteht. ♦

Hieraus erhält man die Definition 2.11 als Spezialfall, nämlich für $\mathscr{H} := \{\boldsymbol{\delta}_\vartheta : \vartheta \in \Theta\}$.

Mit der folgenden Bemerkung gehen wir in die entgegengesetzte Richtung und betrachten den in der Mathematischen Statistik häufig durchgeführten Verlgeich von gewissen Schätzern speziell für die quadratische Verlustfunktion L_2 (siehe Beispiel 2.9).

2.15 Bemerkung und Beispiel (Gleichmäßig minimale Varianz) Für $\mathscr{P}$ und einen Parameter $\kappa : \Theta \to \mathbb{R}$ werden wir im nächsten Abschnitt einen Schätzer $\widehat{\kappa}$ erwartungstreu nennen, falls $\int \widehat{\kappa}\, dP_\vartheta = \kappa(\vartheta)$ für jedes $\vartheta \in \Theta$ gilt. Ist $\mathfrak{V}$ eine Klasse von erwartungstreuen Schätzern für $(\mathscr{P}, \kappa)$, so heißt ein in $(\mathfrak{V}, \preceq_{(\mathscr{P},\{L_2\})})$ kleinstes Element *UMV-Schätzer.*[12] ◆

[12]UMV ist die engl. Abkürzung für „uniformly minimum variance".

3 Erwartungstreues Schätzen

In diesem Kapitel beschränken wir uns auf den Fall (nichtleerer) Registermengen $\mathrm{R} \in \mathscr{B}(\mathbb{R}^k)$ sowie auf die Betrachtung von Populationen mit reellwertigem Charakteristikum, also $\mathrm{G}(\mathrm{R},\mathbb{R})$. Weiterhin seien $\Delta \subset \mathrm{G}(\mathrm{R},\mathbb{R})$ eine Populationsklasse mit σ-Algebra $\mathscr{F}$ darauf, $\mathscr{R} \in \mathrm{Prob}(\Delta,\mathscr{F})^{\mathrm{H}}$ eine Populationsannahme, $q \in \mathrm{Samp}(\Delta,\mathscr{F})$ ein $\mathrm{K}(\mathrm{R} \times \mathbb{R} \times \mathbb{N})$-wertiges Stichprobendesign sowie $\mathscr{P} := (P_\vartheta : \vartheta \in \Theta)$ das aus $\mathbb{Q}(\mathscr{R},q)$ hervorgehende statistische Modell auf $(\mathfrak{X},\mathscr{A})$. Zusätzlich betrachten wir durchgehend mit $\kappa : \Theta \to \mathbb{R}$ einen reellwertigen Parameter.

Wir suchen in diesem Abschnitt bezüglich der Ordnung $\preceq_{(\mathscr{P},\Phi)}$ optimale Schätzer, d. h. wir wollen Situationen und Schätzprobleme angeben, unter denen solche existieren. Dabei ist offensichtlich für die Existenz eines optimalen Schätzers $\widehat{\kappa}$ in einer Verfahrensklasse $\mathfrak{V}$ und bezüglich eines Schätzproblems $(\mathscr{P},\kappa)$ die Bedingung $\boldsymbol{\mu}(\widehat{\kappa} \,\square\, P_\vartheta) = \boldsymbol{\mu}(\widehat{\kappa}' \,\square\, P_\vartheta)$ für jedes $\vartheta \in \Theta$ und für jedes $\widehat{\kappa}' \in \mathfrak{V}$ notwendig.[1] Zur Erinnerung: Dieser Vergleich von Schätzern beruht auf dem angestrebten Ideal, statistische Eigenschaften wie $\widehat{\kappa} \,\square\, P_\vartheta \approx \boldsymbol{\delta}_{\kappa(\vartheta)}$ für $\vartheta \in \Theta$ haben zu wollen. Neben der genannten notwendigen Bedingung für die im Folgenden interessierenden Verfahren, erwarten wir deshalb zusätzlich noch, dass deren statistische Eigenschaften mit dem Parameter κ wie folgt in Verbindung stehen.

3.1 Definition Ein Schätzer $\widehat{\kappa}$ heißt *erwartungstreu* für das Schätzproblem $(\mathscr{P},\kappa)$, falls $\int \widehat{\kappa}\,\mathrm{d}P_\vartheta = \kappa(\vartheta)$ für jedes $\vartheta \in \Theta$ gilt. Wir nennen dann κ erwartungstreu schätzbar und bezeichnen mit $\mathfrak{E}_\kappa$ die Menge aller erwartungstreuen Schätzer für κ. ◆

Offenbar ist ein Parameter κ genau dann erwartungstreu schätzbar,

[1] Sowohl $\mathbf{id}_{\mathbb{R}}$ als auch $-\mathbf{id}_{\mathbb{R}}$ sind konvex. Wir fordern damit implizit die Existenz der Erwartungswerte.

wenn dieser sich durch den Schätzer $\widehat{\kappa}$ und das Erwartungswertfunktional $\boldsymbol{\mu}$ gemäß[2] $\boldsymbol{\mu} \circ \big(\mathbf{id}_\Theta \otimes (\boldsymbol{\delta}_{\widehat{\kappa}} \,\square\, \cdot)\big) = \kappa$ faktorisieren lässt. Eine anschaulichere Variante dieser Faktorisierungseigenschaft liefert das kommutative Diagramm:

$$\begin{array}{ccc} \mathscr{P} & \xrightarrow{\;\boldsymbol{\delta}_{\widehat{\kappa}}\;} & (\boldsymbol{\delta}_{\widehat{\kappa}} \,\square\, P_\vartheta : \vartheta \in \Theta) \\ & \overset{\kappa}{\searrow} & \Big\downarrow \boldsymbol{\mu} \\ & & \mathbb{R} \end{array}$$

Ein einfaches Beispiel für ein Schätzproblem $(\mathscr{P},\kappa)$, welches keinen erwartungstreuen Schätzer besitzt, lässt sich aus der von Kolmogorov stammenden Charakterisierung für $\mathscr{P} := (\mathbf{B}_{n,p} : p \in \,]0,1[)$ ablesen.

3.2 Beispiel (Kolmogorov (1950) nach Pfanzagl (1994, Example 2.2.10, Seite 72)) Es seien $(\mathfrak{X},\mathscr{A}) := (\{0,1\}^n, 2^{\{0,1\}^n})$ und $\mathscr{P} := (\mathbf{B}_{n,p} : p \in \,]0,1[)$, dann lässt sich ein Parameter $\kappa : \,]0,1[\, \to \mathbb{R}$ genau dann erwartungstreu schätzen, wenn κ ein Polynom vom Grad kleiner oder gleich n ist. ◆

Bei vielen in der Praxis vorkommenden Schätzproblemen interessieren jedoch Parameter κ, die eine Integraldarstellung der Bauart

$$\kappa(G) = \int_{\mathrm{R}\times\mathbb{R}} f \,\mathrm{d}\mu_G \tag{3.1}$$

besitzen, wobei $f \in \bigcap_{G\in\Delta} \mathcal{L}_1(\mu_G)$ und $(\mu_G)_{G\in\Delta}$ eine Familie von Maßen auf $\mathrm{R}\times\mathbb{R}$ seien. Für die in dieser Arbeit bereits genannten Beispiele statistischer Modelle und Anwendungsgebiete sind die drei folgenden Parameter sehr häufig gefragt.

3.3 Beispiel (Totalwert, Umfragen) Sei $(\Delta,\mathscr{F})$ eine Populationsklasse aus $\mathfrak{G}_\mathrm{e}(\mathrm{R},\mathbb{R})$ und $\mathscr{R} := (\boldsymbol{\delta}_G : G \in \Delta)$ die zugehörige deterministische Populationsannahme, dann interessiert oftmals der sogenannte *Totalwert*

$$\boldsymbol{\tau}(G) := \int_G f \,\mathrm{d}\boldsymbol{\zeta} = \sum_{(r,y)\in G} y \qquad \text{für } G \in \Delta,$$

welcher mit $f := \mathrm{pr}_2$ und $\mathrm{d}\mu_G := \mathbb{1}_G \,\mathrm{d}\boldsymbol{\zeta}$ die Darstellung (3.1) aufweist. ◆

[2]Betrachte jetzt und im Folgenden bei den Diagrammen exakterweise $\kappa(\vartheta,P_\vartheta) := \kappa(\vartheta)$, sowie $\boldsymbol{\mu}(\vartheta,P_\vartheta) := \int \mathbf{id}_{\mathfrak{X}} \,\mathrm{d}P_\vartheta$ für $\vartheta \in \Theta$.

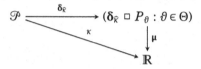

3.4 Beispiel (Bestandesgrundfläche, Waldinventur) In der Situation von Beispiel 2.2 (Seite 40) betrachteten wir die Bestandesgrundfläche

$$\boldsymbol{\beta}(\eta) := \frac{1}{\boldsymbol{\lambda}^2(\mathrm{R})} \int_\Delta \sum_{(r,y)\in G} \frac{y^2\pi}{4}\, \gamma_\eta(\mathrm{d}G) \qquad (\eta \in \mathrm{H})$$

für ein $\mathcal{R} \in \mathrm{Prob}(\Delta, \mathcal{F})^{\mathrm{H}}$. Gehen wir dabei von der deterministischen Populationsannahme $\mathcal{R} := (\boldsymbol{\delta}_G : G \in \Delta)$ aus, so erhalten wir die Darstellung (3.1) von $\boldsymbol{\beta}$ direkt, und zwar mit der Abbildung $f := {}^1\!/\!_{\boldsymbol{\lambda}^2(\mathrm{R})} \cdot \frac{(\mathrm{pr}_2)^2\pi}{4}$ sowie der Familie $\mathrm{d}\mu_G := \mathbb{1}_G\, \mathrm{d}\boldsymbol{\zeta}$ für $G \in \Delta$. ◆

3.5 Beispiel (Erwartungswert, Fehlertheorie) Sei $\mathcal{P} := (\mathbf{N}_{\mu,\sigma}^{\otimes n} : \mu \in \mathbb{R})$, dann besitzt $\kappa = \mathbf{id}_{\mathbb{R}}$ die Darstellung (3.1), denn: Wählt man z. B. Δ_1 aus Beispiel 1.19 (Seite 27) als Populationsklasse, so existiert zunächst nach Lemma 1.24 (Seite 30) und Beispiel 1.25 ein Morphismus (τ, K), so dass $\mathbf{N}_{\tau(G),\sigma^2}^{\otimes n} = K \,\square\, \mathbf{u}_n(G, \cdot)$ für jedes $G \in \Delta_1$ gilt. Ferner betrachten wir dabei $\mathcal{R} := (\boldsymbol{\delta}_G : G \in \Delta_1)$. Wir haben schließlich

$$\mu = \kappa(\mu) = \kappa \circ \tau(G) = \int_{\mathbb{R}} \mathbf{id}_{\mathbb{R}}\, \mathrm{d}(G \,\square\, \mathbf{U}_{]0,1[}) = \int_{]0,1[\times\mathbb{R}} \mathrm{pr}_2\, \mathrm{d}(\mathbf{id}_{]0,1[}, G) \,\square\, \mathbf{U}_{]0,1[},$$

wodurch wir (3.1) mit $f := \mathrm{pr}_2$ und $\mu_G := (\mathbf{id}_{]0,1[}, G) \,\square\, \mathbf{U}_{]0,1[}$ für $G \in \Delta_1$ erhalten. ◆

In den nächsten beiden Abschnitten suchen wir nun erwartungstreue Schätzer für Schätzprobleme der genannten Art. Dabei beschränken wir uns zunächst in Abschnitt 3.1 auf Populationsklassen, die ausschließlich endliche Populationen umfassen. Für diese Situation liefern wir einen Konstruktionsansatz, der auf eine Initiative von Horvitz & Thompson (1952) zurückzuführen ist.

Klarer und eindringlicher wird der Blick auf diese Schätzerkonstruktion jedoch erst, wenn man diese in einem allgemeineren Licht betrachtet. Letztlich erfordern auch einige Beispiele mit überabzählbaren Grundgesamtheiten, wie die bereits bekannten Normalverteilungspopulationen, eine Verallgemeinerung der Konstruktionsvariante von Horvitz & Thompson (1952). Dies gelingt uns mit Hilfe des Satzes von Campbell in dem darauffolgenden Abschnitt 3.2.

Abschließend gehen wir noch auf die Güte dieser erwartungstreuen Schätzer ein. Bereits bekannt ist z. B. die Optimalität des Stichprobenmittels $\overline{\mathrm{y}}(y) = \sum_{i=1}^n y_i$ $(y \in \mathbb{R}^n)$ für $(\mathbf{N}_{\mu,\sigma}^{\otimes n} : \mu \in \mathbb{R})$ in $(\mathfrak{E}_\kappa, \preceq_{(\mathcal{P},\Phi)})$. Wir versuchen solche Ergebnisse einzuordnen und erweitern diese um entsprechende Aussagen zur Waldinventur.

3.1 Der Horvitz-Thompson-Schätzer

Wird nichts anderes gesagt, so sei im Folgenden für den gesamten Abschnitt 3.1 $(\Delta, \mathcal{F})$ eine Populationsklasse aus $\mathfrak{G}_e(\mathrm{R}, \mathbb{R})$ und $\mathcal{R} := (\delta_G : G \in \Delta)$ die zugehörige deterministische Populationsannahme.

Betrachten wir nun Parameter der Art $\kappa(G) = \int_{\mathrm{R}\times\mathbb{R}} f \, \mathrm{d}\mu_G$ $(G \in \Delta)$ mit einer Familie $(\mu_G)_{G\in\Delta}$ von Maßen auf $\mathrm{R}\times\mathbb{R}$ und einer Funktion $f \in \bigcap_{G\in\Delta} \mathcal{L}_1(\mu_G)$, so könnte man auf die Idee kommen, ein Schätzverfahren ähnlicher Bauart zu konstruieren. Konkret denke man etwa an

$$\widehat{\kappa}(s) := \int_{\mathrm{R}\times\mathbb{R}} f \, \mathrm{d}\nu(s, \cdot) \quad \text{für } s \in \mathrm{K}(\mathrm{R}\times\mathbb{R}\times\mathbb{N}) \tag{3.2}$$

mit einem geeigneten Kern ν von $(\mathrm{K}(\mathrm{R}\times\mathbb{R}\times\mathbb{N}), \mathscr{C}_\mathrm{K}(\mathrm{R}\times\mathbb{R}\times\mathbb{N}))$ nach $(\mathrm{R}\times\mathbb{R}, \mathscr{B}\otimes\mathscr{B}(\mathbb{R}))$. „Geeignet" heißt dabei, dass ν in einer gewissen Beziehung zum Stichprobendesign q steht, so dass $\widehat{\kappa}$ aus (3.2) die geforderte Erwartungstreue hat.

Für Stichprobendesigns mit einer gewissen Regularitätseigenschaft werden wir nun tatsächlich im weiteren Verlauf einen solchen Kern konstruieren. Entscheidend ist dabei die Abhängigkeit der zu verwendenden Populationselemente (r, y) mit der Beobachtung einer Stichprobe $s \in \mathrm{K}(\mathrm{R}\times\mathbb{R}\times\mathbb{N})$. Diese wird durch die Abbildung

$$g : \big((r,y), s\big) \mapsto \mathbb{1}_{\mathrm{pr}_{\mathrm{R}\times\mathbb{R}}(s)}(r,y)$$

beschrieben und ist nach Beispiel B.6 und Satz B.11 (vgl. Seite 102 ff.) als Funktion von $(\mathrm{R}\times\mathbb{R}\times\mathrm{K}, \mathscr{B}\otimes\mathscr{B}(\mathbb{R})\otimes\mathscr{C}_\mathrm{K})$ nach $(\mathbb{R}, \mathscr{B}(\mathbb{R}))$ messbar. Damit folgt insbesondere die $\mathscr{C}_\mathrm{K}$-Messbarkeit der Mengen

$$\mathrm{K}_{\{(r,y)\}\times\mathbb{N}} := \big\{s \in \mathrm{K}(\mathrm{R}\times\mathbb{R}\times\mathbb{N}) : s \cap \{(r,y)\}\times\mathbb{N} \neq \emptyset\big\} = \Big(g^{-1}\big(\{1\}\big)\Big)_{(r,y)} \tag{3.3}$$

für $(r, y) \in \mathrm{R}\times\mathfrak{Y}$.[3] Diese *Inklusionsereignisse* beschreiben genau den Fall, dass ein (mögliches) Populationselement (r, y) in die Stichprobe gelangt, womit wir zu einem für die Kern-Konstruktion grundlegenden Begriff kommen.

[3]Die $\mathscr{C}_\mathrm{K}$-Messbarkeit dieser Mengen erhalten wir auch nach Satz A.22 (Seite 96).

3.6 Definition Für die Populationsklasse $(\Delta, \mathcal{F})$, das Stichprobendesign $q \in \mathrm{Samp}(\Delta, \mathcal{F})$ und $G \in \Delta$ heißt

$$\begin{aligned} \mathbf{p}_G : \mathfrak{R} \times \mathbb{R} &\to [0,1] \\ (r,y) &\mapsto q(G, \mathfrak{K}_{\{(r,y)\} \times \mathbb{N}}), \end{aligned}$$

Funktion der Inklusionswahrscheinlichkeiten (erster Ordnung) für G unter q.[4] ◆

Statt dieses sehr langen Namens werden wir im Folgenden die kürzere Bezeichnung *Inklusionswahrscheinlichkeiten* als Synonym verwenden. Die jeweiligen Namen ergeben sich dabei offensichtlich aus der zuvor gegebenen Anschauung heraus. Schließlich wird sich der Nutzen dieser Inklusionswahrscheinlichkeiten erst im Zusammenhang mit der nachstehenden Begriffsbildung erweisen.

3.7 Definition Mit $(\Delta, \mathcal{F})$ verwenden wir im Folgenden die Bezeichnung $\Delta_{(r,y)} := \{G \in \Delta : (r,y) \in G\}$. Sei $q \in \mathrm{Samp}(\Delta, \mathcal{F})$ ein Stichprobendesign, für deren Inklusionswahrscheinlichkeiten

$$\left(G \mapsto \mathbf{p}_G(r,y)\right)\Big|_{\Delta_{(r,y)}} \equiv \mathrm{const} > 0, \tag{3.4}$$

für alle $(r,y) \in \mathfrak{R} \times \mathbb{R}$ (oder $\Delta_{(r,y)} = \emptyset$) gilt, so schreiben wir statt $\mathbf{p}_G$ einfach $\mathbf{p}$ und vernachlässigen den Bezug zum Parameter G. Schließlich heißt ein Stichprobendesign vom *Horvitz-Thompson-Typ*[5], falls (3.4) gilt und $\mathbf{p}|_{\bigcup \Delta}$ sich zu einer auf $\mathfrak{R} \times \mathbb{R}$ messbaren sowie strikt positiven Funktion fortsetzen lässt. ◆

Die Motivation für die Namensgebung dieser Regularitätseigenschaft steht in Verbindung mit der Arbeit von Horvitz & Thompson (1952). Dort wird wohl erstmals allgemein für nichtadaptive Stichprobendesigns zur Populationsklasse $\mathbb{R}^N$ ein Konstruktionsansatz für einen für den Totalwert erwartungstreuen Schätzer gegeben. Wir formulieren nun etwas allgemeiner:

3.8 Satz Es seien $(\Delta, \mathcal{F})$ eine Populationsklasse aus $\mathfrak{G}_e(\mathfrak{R}, \mathbb{R})$ und $q \in \mathrm{Samp}(\Delta, \mathcal{F})$ ein Stichprobendesign vom Horvitz-Thompson-Typ.

---

[4]Man beachte, dass wir bei der Notationswahl $\mathbf{p}_G$ die Abhängigkeit von dem Stichprobendesign nicht weiter berücksichtigen.

[5]Für den Doppelnamen „Horvitz-Thompson“ verwenden wir gelegentlich das Akronym HT.

(a) Bezeichne $\mathbf{p}$ ebenso die existierende, messbare, strikt postive Fortsetzung von $\mathbf{p}|_{\bigcup\Delta}$ auf $\mathfrak{R}\times\mathbb{R}$, so ist mit einem $(r_0,y_0)\in\mathfrak{R}\times\mathbb{R}$ die Abbildung

$$h:\ \left(\mathfrak{R}\times\mathbb{R}\times\mathfrak{K},\mathscr{B}\otimes\mathscr{B}(\mathbb{R})\otimes\mathscr{E}_{\mathfrak{K}}\right)\ \to\ \left(\mathbb{R},\mathscr{B}(\mathbb{R})\right)$$
$$(r,y,s)\ \mapsto\ \begin{cases}\frac{1}{\mathbf{p}(r,y)}\mathbb{1}_{\mathrm{pr}_{\mathfrak{R}\times\mathbb{R}}(s)}(r,y), & \text{falls } |s|<\infty\\ \mathbb{1}_{\{(r_0,y_0)\}}(r,y), & \text{sonst}\end{cases}$$

messbar. Damit ist $\mathrm{d}\nu(s,\cdot):=h(\cdot,s)\mathrm{d}\zeta$ ein Kern von $(\mathfrak{K},\mathscr{E}_{\mathfrak{K}})$ nach $(\mathfrak{R}\times\mathbb{R},\mathscr{B}\otimes\mathscr{B}(\mathbb{R}))$.

(b) Sei $f:\mathfrak{R}\times\mathbb{R}\to\mathbb{R}$ messbar und $\kappa(G):=\int_{\mathfrak{R}\times\mathbb{R}}f\mathbb{1}_G\,\mathrm{d}\zeta$ für $G\in\Delta$, so ist mit ν aus (a) durch

$$\widehat{\kappa}(s):=\int_{\mathfrak{R}\times\mathbb{R}}f\,\mathrm{d}\nu(s,\cdot)$$

ein erwartungstreuer Schätzer für (q,κ) gegeben. ◆

Beweis: (a) Die Messbarkeit von h ergibt sich aus der Vorbemerkung sowie aus der Tatsache, dass $\mathfrak{F}(\mathfrak{R}\times\mathbb{R}\times\mathbb{N})\in\mathscr{E}_{\mathfrak{K}}(\mathfrak{R}\times\mathbb{R}\times\mathbb{N})$ ist (siehe Lemma A.25, Seite 97). Damit ist dann $\mathrm{d}\nu(s,\cdot):=h(\cdot,s)\mathrm{d}\zeta$ ein Kern.

(b) Wegen $|G|<\infty$ für jedes $G\in\Delta$ ist zunächst $f\in\bigcap_{G\in\Delta}\mathfrak{L}_1(\mathbb{1}_G\,\mathrm{d}\zeta)$ und somit κ wohldefiniert. Für jedes $G\in\Delta$ gilt nach Definition eines $\mathfrak{K}(\mathfrak{R}\times\mathbb{R}\times\mathbb{N})$-wertigen Stichprobendesigns $q(G,\mathfrak{K}(G\times\mathbb{N})^c)=0$. Ferner ist jede kompakte Teilmenge von $G\times\mathbb{N}$ endlich, womit wir schließlich

$$\begin{aligned}
&\int_{\mathfrak{K}(\mathfrak{R}\times\mathbb{R}\times\mathbb{N})}\widehat{\kappa}(s)\,q(G,\mathrm{d}s)\\
&=\int_{\mathfrak{K}(G\times\mathbb{N})}\int_{\mathfrak{R}\times\mathbb{R}}f(r,y)\frac{1}{\mathbf{p}(r,y)}\mathbb{1}_{\mathrm{pr}_{\mathfrak{R}\times\mathbb{R}}(s)}(r,y)\,\mathrm{d}\zeta(r,y)\,q(G,\mathrm{d}s)\\
&=\int_{\mathfrak{K}(G\times\mathbb{N})}\int_{\mathfrak{R}\times\mathbb{R}}f(r,y)\frac{1}{\mathbf{p}(r,y)}\mathbb{1}_{\mathrm{pr}_{\mathfrak{R}\times\mathbb{R}}(s)}(r,y)\mathbb{1}_G(r,y)\,\mathrm{d}\zeta(r,y)\,q(G,\mathrm{d}s)\\
&=\int_{\mathfrak{R}\times\mathbb{R}}f(r,y)\frac{1}{\mathbf{p}(r,y)}\cdot\int_{\mathfrak{K}(G\times\mathbb{N})}\mathbb{1}_{\mathrm{pr}_{\mathfrak{R}\times\mathbb{R}}(s)}(r,y)\,q(G,\mathrm{d}s)\mathbb{1}_G(r,y)\,\mathrm{d}\zeta(r,y)\\
&=\sum_{(r,y)\in G}\frac{f(r,y)}{\mathbf{p}(r,y)}\cdot q(G,\mathfrak{K}_{\{(r,y)\}\times\mathbb{N}})\\
&=\sum_{(r,y)\in G}f(r,y)
\end{aligned}$$

erhalten. ■

Wir nennen den aus Satz 3.8 (b) hervorgehenden Schätzer *Horvitz-Thompson-Schätzer*. Hinsichtlich des eingangs formulierten Konstruktionsansatzes für einen erwartungstreuen Schätzer sind wir mit dem in Satz 3.8 (a) formulierten Kern also fündig geworden. Wir wollen nun einige Beispiele geben.

3.9 Beispiel (Totalwert, Urnenmodell ohne Zurücklegen) Wir betrachten die Populationsklasse $\Delta := \mathbb{R}^N \subset \mathfrak{G}_e(\{1,\dots,N\},\mathbb{R})$ und für diese das Stichprobendesign $\mathbf{u}_{\mathrm{OZ}(n)}$. Sei nun $T_G : (\mathrm{R}^n, 2^{\mathrm{R}^n}, \mathbf{U}_{\mathrm{R}^n_{\neq}}) \to (\mathrm{K}(\mathrm{R}\times\mathbb{R}\times\mathbb{N}), \mathscr{E}_{\mathrm{K}}(\mathrm{R}\times\mathbb{R}\times\mathbb{N}))$ die aus Beispiel 1.11 (Seite 19) hervorgehende Abbildung derart, dass $\mathbf{u}_{\mathrm{OZ}(n)}(G,\cdot) = T_G \,\square\, \mathbf{U}_{\mathrm{R}^n_{\neq}}$ ist.[6] Wähle $(r,y) \in \{1,\dots,N\}\times\mathbb{R}$, so gilt für $G \in \Delta_{(r,y)}$

$$\begin{aligned}
\mathbf{u}_{\mathrm{OZ}(n)}(G, \mathrm{K}_{\{(r,y)\}\times\mathrm{N}}) &= \mathbf{U}_{\mathrm{R}^n_{\neq}}\big(T_G^{-1}(\mathrm{K}_{\{(r,y)\}\times\mathrm{N}})\big) \\
&= \mathbf{U}_{\mathrm{R}^n_{\neq}}\Big(\big\{x \in \mathrm{R}^n : x_k = r \text{ für ein } k \in \{1,\dots,n\}\big\}\Big) \\
&= \mathbf{U}_{\mathrm{R}^n_{\neq}}\Big(\bigcup_{k=1}^{n} \mathrm{pr}_k^{-1}(r)\Big) \\
&= \mathbf{U}_{\mathrm{R}^n_{\neq}}\Big(\mathrm{R}^n_{\neq} \cap \bigcup_{k=1}^{n} \mathrm{pr}_k^{-1}(r)\Big) \\
&= \sum_{k=1}^{n} \mathbf{U}_{\mathrm{R}^n_{\neq}}\Big(\mathrm{R}^n_{\neq} \cap \mathrm{pr}_k^{-1}(r)\Big) \\
&= \frac{n}{N},
\end{aligned}$$

d. h. $\mathbf{u}_{\mathrm{OZ}(n)}$ ist vom HT-Typ. Nach Satz 3.8 (b) ist dann

$$\widehat{\tau}(s) = \sum_{(r,y)\in s} \frac{y}{n/N} = N \cdot \frac{1}{n} \sum_{(r,y)\in s} y$$

ein erwartungstreuer Schätzer für $(\mathbf{u}_{\mathrm{OZ}(n)}, \boldsymbol{\tau})$. ◆

3.10 Beispiel (Bestandesgrundfläche, Flächenstichprobe) Wie in Beispiel 1.14 sei $\mathbf{w}_{\mathrm{F}}$ das Stichprobendesign zur Flächenstichprobe mit der Populationsklasse $\Delta := \mathfrak{G}_e(\mathrm{R},]0,\infty[)$, wobei $\mathrm{R} := [a,b]\times[c,d] \subset \mathbb{R}^2$. Die Populationselemente $(r,y) \in G$ werden durch ihren Brusthöhendurchmesser y identifiziert. Gesucht ist ein erwartungstreuer Schätzer für die Bestandesgrundfläche $\boldsymbol{\beta}$ (vgl. Beispiel 2.2, Seite 40). Den Erhebungsradius bezeichnen wir mit $\rho > 0$.

[6]Beachte: Die nach $\mathbf{u}_{\mathrm{OZ}(n)}$ verteilten Stichproben sind einfach. Wir verzichten aber auf eine reduzierte Darstellung.

Sei nun $(r,y) \in \mathrm{R} \times]0,\infty[$, so gilt für $G \in \Delta_{(r,y)}$

$$\mathbf{p}_G(r,y) = \mathbf{w}_{\mathrm{F}}(G, \mathrm{K}_{\{(r,y)\}\times\mathbb{N}}) = \frac{\boldsymbol{\lambda}^2(\overline{\mathrm{K}}_\rho(r) \cap \mathrm{R})}{\boldsymbol{\lambda}^2(\mathrm{R})}.$$

Die Inklusionswahrscheinlichkeiten sind also von der jeweiligen Population G unabhängig. Außerdem ist stets $\boldsymbol{\lambda}^2(\overline{\mathrm{K}}_\rho(r) \cap \mathrm{R}) > 0$, da $(\overline{\mathrm{K}}_\rho(r) \cap \mathrm{R})^\circ \neq \emptyset$, so dass sich $\mathbf{w}_{\mathrm{F}}$ als ein Stichprobendesign vom Horvitz-Thompson-Typ erweist. Offensichtlich ist im Fall $\overline{\mathrm{K}}_\rho(r) \subset \mathrm{R}$

$$\mathbf{p}_G(r,y) = \mathbf{w}_{\mathrm{F}}(G, \mathrm{K}_{\{(r,y)\}\times\mathbb{N}}) = \frac{\rho^2\pi}{\boldsymbol{\lambda}^2(\mathrm{R})}.$$

Tatsächlich ist gelegentlich die Betrachtung der kleineren Populationsklasse

$$\Delta' := \{G \in \mathrm{G}_{\mathrm{e}}(\mathrm{R},]0,\infty[) : \forall r \in \mathrm{dom}(G) \text{ gilt } \overline{\mathrm{K}}_\rho(r) \subset \mathrm{R}\}$$

vertretbar[7], womit dann der zugehörige Horvitz-Thompson-Schätzer sich in der einfachen Form

$$\widehat{\beta}(s) = \sum_{(r,y)\in s} \frac{(y/2)^2\pi}{\rho^2\pi} = \frac{1}{4\rho^2} \sum_{(r,y)\in s} y^2 \tag{3.5}$$

präsentiert und nach Satz 3.8 (b) erwartungstreu für $(\mathbf{w}_{\mathrm{F}}|_{\Delta'}, \boldsymbol{\beta})$ ist. ◆

3.11 Beispiel (Bestandesgrundfläche, Winkelzählprobe) Wir betrachten das in Beispiel 1.15 definierte Stichprobendesign der Winkelzählprobe $\mathbf{w}_{\mathrm{B},\alpha}$, die Populationsklasse $\Delta := \mathrm{G}_{\mathrm{e}}(\mathrm{R},]0,\infty[)$ und als Waldfläche z. B. das Rechteck $\mathrm{R} := [a,b] \times [c,d]$. Wie im vorherigen Beispiel interessieren wir uns für die Bestandesgrundfläche. Seien nun $(r,y) \in \mathrm{R} \times]0,\infty[$, $G \in \Delta_{(r,y)}$ und $\rho(y) := y/(2\sin(\alpha/2))$ so gilt für die Inklusionswahrscheinlichkeit

$$\mathbf{p}_G(r,y) = \mathbf{w}_{\mathrm{B},\alpha}(G, \mathrm{K}_{\{(r,y)\}\times\mathbb{N}}) = \frac{\boldsymbol{\lambda}^2\left(\overline{\mathrm{K}}_{\rho(y)}(r) \cap \mathrm{R}\right)}{\boldsymbol{\lambda}^2(\mathrm{R})}.$$

Der Ausdruck ist wieder unabhängig von G und wegen $(\overline{\mathrm{K}}_{\rho(y)}(r) \cap \mathrm{R})^\circ \neq \emptyset$ ist die rechte Seite positiv, so dass auch $\mathbf{w}_{\mathrm{B},\alpha}$ ein Stichprobendesign vom Horvitz-Thompson-Typ ist. Im Fall $\overline{\mathrm{K}}_{\rho(y)}(r) \subset \mathrm{R}$ erhalten wir speziell

$$\mathbf{p}_G(r,y) = \mathbf{w}_{\mathrm{B},\alpha}(G, \mathrm{K}_{\{(r,y)\}\times\mathbb{N}}) = \frac{(\rho(y))^2\pi}{\boldsymbol{\lambda}^2(\mathrm{R})},$$

[7] Eine solche Reduzierung des Parameterraums lässt sich z. B. dann rechtfertigen, wenn die Erhebungsfläche $\overline{\mathrm{K}}_\rho$ bezogen auf die gesamte Waldfläche R vernachlässigbar gering ist.

so dass mit der vereinfachenden Populationsannahme

$$\Delta' := \{G \in \mathfrak{G}_e(\mathfrak{R}, \mathfrak{Y}) : \forall (r,y) \in G \text{ gilt } \overline{\mathrm{K}}_{\rho(y)}(r) \subset \mathfrak{R}\}$$

sich der Horvitz-Thompson-Schätzer

$$\widehat{\beta}(s) = \sum_{(r,y)\in s} \frac{(y/2)^2 \pi}{\mathbf{p}_G(r,y)} = \sin^2(\alpha/2) \sum_{(r,y)\in s} 1 = \sin^2(\alpha/2) \cdot |s| \tag{3.6}$$

ergibt. Dieser ist nach Satz 3.8 (b) erwartungstreu für das eingeschränkte Schätzproblem $(\mathbf{w}_{B,\alpha}|_{\Delta'}, \boldsymbol{\beta})$. ◆

3.12 Bemerkung Aus der Darstellung (3.6) erklärt sich auch die von Walter Bitterlich getroffene Namensgebung „Zählfaktor" für den Faktor $\sin^2(\alpha/2)$. Ferner wird die relative Bestandesgrundfläche oftmals in $\mathrm{m^2/ha}$ ausgedrückt, so dass wir dann beim Horvitz-Thompson-Schätzer $10^4 \cdot \sin^2(\alpha/2)$ als Faktor vor $|s|$ erhalten. Für die Wahl eines $l = 100$ (cm) langen Bitterlichstabs mit Plättchenbreite $b = 2$ (cm) ergibt sich somit der Vorfaktor $10^4 \cdot \sin^2(\arctan(1/100)) \approx 1$. ◆

Das Stichprobendesign der k-Baum-Stichprobe ist nicht vom HT-Typ, denn hierbei hängen die Inklusionswahrscheinlichkeiten von der räumlichen Baumverteilung ab.

3.13 Beispiel (k-Baum-Stichprobe) Sei wie auch schon zuvor $\mathfrak{R} = [a,b] \times [c,d] \subset \mathbb{R}^2$ eine interessierende Waldfläche, so betrachten wir nun das Stichprobendesign der 1-Baum-Stichprobe $\mathbf{nn}_1$ für $\Delta := \{G \in \mathfrak{G}_e(\mathfrak{R}, \mathfrak{Y}) : |G| \geq 1\}$ mit $\mathcal{F} := \mathcal{E}(\mathfrak{R} \times \mathfrak{Y}) \cap \Delta$ (vgl. Beispiel 1.16, Seite 25). Seien ferner $(r,y) \in \mathfrak{R} \times \mathfrak{Y}$, $G \in \Delta_{(r,y)}$ und bezeichne $\mathrm{V}(r, \mathrm{dom}(G)) := \{s \in \mathfrak{R} : \|r - s\|_2 = \min\{\|r' - s\|_2 : r' \in \mathrm{dom}(G)\}\}$ die Voronoi-Region des Punktes $r \in \mathrm{dom}(G)$ zur Punktmenge $\mathrm{dom}(G)$, so wähle einen Punkt $(r_0, y_0) \in (\mathrm{V}(r, \mathrm{dom}(G)) \setminus \mathrm{dom}(G)) \times \mathfrak{Y}$. Für $G' := G \cup \{(r_0, y_0)\}$ gilt dann $G' \in \Delta_{(r,y)}$ und wegen $\boldsymbol{\lambda}^2(\mathrm{V}(r, \mathrm{dom}(G))) \neq \boldsymbol{\lambda}^2(\mathrm{V}(r, \mathrm{dom}(G')))$ ist dann offensichtlich auch

$$\mathbf{p}_G(r,y) = \frac{\boldsymbol{\lambda}^2(\mathrm{V}(r, \mathrm{dom}(G)))}{\boldsymbol{\lambda}^2(\mathfrak{R})} \neq \mathbf{p}_{G'}(r,y).$$

Also ist $\mathbf{nn}_1$ kein Stichprobendesign vom Horvitz-Thompson-Typ. Die Abbildung 3.1 liefert hierzu eine Veranschaulichung. ◆

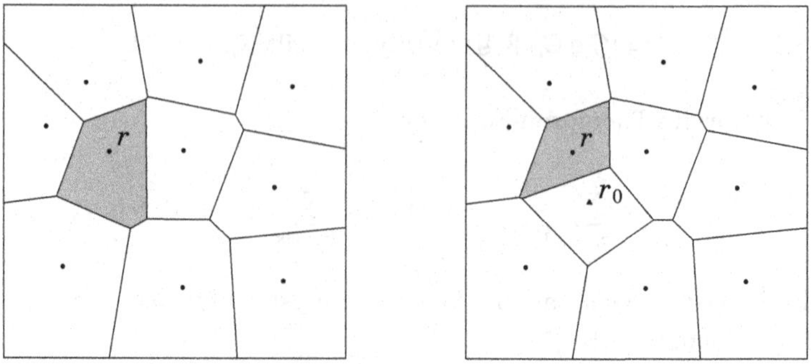

Abbildung 3.1: Zwei Waldbestände, die sich nur durch einen Baum unterscheiden, nämlich durch den mit Baumkoordinatenpaar r_0. Die grau markierten (Voronoi-)Regionen stellen jeweils die Koordinantenmenge dar, welche zur Wahl von r führt. Nach Definition des Stichprobendesigns der 1-Baum-Stichprobe (vgl. Beispiel 1.16) stellen die Anteile der λ^2-Masse dieser Voronoi-Regionen an $\lambda^2(\mathfrak{R})$ die Inklusionswahrscheinlichkeiten $\mathbf{p}_G(r,y)$ bzw. $\mathbf{p}_{G'}(r,y)$ dar.

3.14 Beispiel (Populationsgröße) Seien $\Delta \subset \mathfrak{G}_e(\mathfrak{R},\mathfrak{Y})$ eine Populationsklasse und $q \in \text{Samp}(\Delta)$ ein Stichprobedesign vom Horvitz-Thompson-Typ. Betrachte ferner $f : \mathfrak{R} \times \mathbb{R} \to \mathbb{R}$ mit $f \equiv 1$, so steht der Parameter

$$\kappa(G) := \int_G f \, \mathrm{d}\zeta = \zeta(G) = |G|$$

für die Populationsgröße von G. Dann ist nach Satz 3.8 (b)

$$\widehat{\kappa}(s) = \sum_{(r,y)\in s} \frac{1}{\mathbf{p}(r,y)}$$

ein erwartungstreuer Schätzer für die Populationsgröße κ. ◆

3.2 Ein allgemeineres Konstruktionsprinzip

Im vorherigen Abschnitt erhielten wir erwartungstreue Schätzer durch eine gewisse Normierung mit Inklusionswahrscheinlichkeiten. Eine derartige elementare Konstruktion ist leider nicht immer möglich. Wie man sich z. B. für die Situation des n-maligen unabhängigen Ziehens (vgl. Beispiel

1.13) leicht überlegen kann gilt $\mathbf{u}_n(G, K_{\{(r,y)\} \times \mathbb{N}}) = 0$ für jedes Element $(r, y) \in {]0,1[} \times \mathbb{R}$ und jedes $G \in \mathfrak{L}(]0,1[)$.

In diesem Abschnitt wollen wir nun den Konstruktionsansatz aus Abschnitt 3.1 verallgemeinern. Hierbei bezeichnen wir ein Stichprobendesign $q \in \mathrm{Samp}(\Delta, \mathscr{F})$ als *punktartig*, falls $q(G, \mathcal{F}(G \times \mathbb{N})^c) = 0$ für jedes $G \in \Delta$ gilt.[8] Außerdem schreiben wir $\Pi_f = \Pi_f(\mathfrak{X})$ für die Menge der endlichen, einfachen Zählmaße auf einem LKHA-Raum $(\mathfrak{X}, \mathscr{T})$ und betrachten darauf die σ-Algebra $\mathcal{N}_f(\mathfrak{X}) := \mathcal{M}(\mathfrak{X}) \cap \Pi_f(\mathfrak{X})$. Nach Korollar B.22 (Seite 109) sind die Messräume $(\mathcal{F}(\mathfrak{X}), \mathscr{C}_{\mathcal{F}}(\mathfrak{X}))$ und $(\Pi_f(\mathfrak{X}), \mathcal{N}_f(\mathfrak{X}))$ bezüglich der Abbildung

$$\mathbf{1}: \Pi_f(\mathfrak{X}) \to \mathcal{F}(\mathfrak{X})$$
$$\xi \mapsto \mathrm{supp}\,\xi$$

isomorph zueinander. Damit und mit dem Isomorphiebegriff für statistische Modelle (vgl. Definition 1.21, Seite 29) ergibt sich dann für ein punktartiges Stichprobendesign q auch sofort die Isomorphie der Transformation $q'(G, \cdot) := \mathbf{1} \,\square\, q(G, \cdot)$ für $G \in \Delta$ zum Stichprobendesign q selbst.

Unter dem Intensitätsmaß eines Punktprozesses ξ, d. h. einer Zufallsgröße $\xi: (\Omega, \mathscr{F}, P) \to (\Pi_e(\mathfrak{X}), \mathcal{N}_e(\mathfrak{X}))$, versteht man das Maß (vgl. Bemerkung und Definition B.28, Seite 111)

$$\mathbf{M}_\xi(B) := \mathbf{M}_{\xi \,\square\, P}(B) := \mu(\xi(B)) = \int_\Omega \xi(\omega, B) P(\mathrm{d}\omega) \quad \text{für } B \in \mathscr{B}(\mathfrak{X}).$$

Für ein punktartiges Stichprobendesign $q \in \mathrm{Samp}(\Delta, \mathscr{F})$ werden wir die Intensitätsmaße von[9] $\mathbf{1}^{-1} \,\square\, (T_{\mathrm{pr}_{\mathbb{R} \times \mathbb{R}}} \,\square\, q(G, \cdot))$ jeweils für $G \in \Delta$ betrachten und diese im Folgenden kurz mit $\mathbf{M}_G$ bezeichnen. Außerdem suchen wir einen erwartungstreuen Schätzer für (q, κ), wobei der Parameter κ weiterhin die Gestalt

$$\kappa(G) = \int_{\mathbb{R} \times \mathbb{R}} f \, \mathrm{d}\mu_G \quad \text{für } G \in \Delta \tag{3.1}$$

mit einer Abbildung $f \in \bigcap_{G \in \Delta} \mathcal{L}_1(\mu_G)$ und einer Maßfamilie $(\mu_G)_{G \in \Delta}$ besitze.

3.15 Satz Seien $(\Delta, \mathscr{F})$ eine beliebige Populationsklasse, $q \in \mathrm{Samp}(\Delta, \mathscr{F})$ ein punktartiges Stichprobendesign, κ ein Parameter mit der Darstellungs-

---

[8]Dementsprechend lässt sich auch q als $(\mathcal{F}, \mathscr{C}_{\mathcal{F}})$-wertiges Stichprobendesign und $(\mathcal{F}, \mathscr{C}_{\mathcal{F}})$ als Stichprobenraum betrachten.

[9]Zur (Definition und) Messbarkeit von $T_{\mathrm{pr}_{\mathbb{R} \times \mathbb{R}}} : s \mapsto \{\mathrm{pr}_{\mathbb{R} \times \mathbb{R}}(r, y, n) : (r, y, n) \in s\}$ verweisen wir auf Beispiel B.6, Seite 102. Manchmal schreiben wir dennoch für das Bild der Menge s unter $\mathrm{pr}_{\mathbb{R} \times \mathbb{R}}$ wie üblich kurz $\mathrm{pr}_{\mathbb{R} \times \mathbb{R}}(s)$.

eigenschaft (3.1) und außerdem[10]

$$h \in \bigcap_{G \in \Delta} \frac{\mathrm{d}\mu_G}{\mathrm{d}\mathbf{M}_G} \neq \emptyset,$$

dann gilt: Jede messbare Fortsetzung von

$$\begin{array}{rcll} \widehat{\kappa}: & \mathfrak{F}(\mathrm{R}\times\mathbb{R}\times\mathbb{N}) & \to & \mathbb{R} \\ & s & \mapsto & \int f\cdot h\,\mathrm{d}(\mathbf{l}^{-1}\circ T_{\mathrm{pr}_{\mathrm{R}\times\mathbb{R}}})(s) \end{array} \tag{3.7}$$

auf $\mathrm{K}(\mathrm{R}\times\mathbb{R}\times\mathbb{N})$ ist erwartungstreu für (q,κ). ◆

Beweis: Wegen $f \in \bigcap_{G\in\Delta}\mathfrak{L}_1(\mu_G)$ und $h \in \bigcap_{G\in\Delta}\frac{\mathrm{d}\mu_G}{\mathrm{d}\mathbf{M}_G}$ gilt offensichtlich $f\cdot h \in \bigcap_{G\in\Delta}\mathfrak{L}_1(\mathbf{M}_G)$. Ferner ist q punktartig, d. h. nach Definition ist $q(G,\mathfrak{F}^{\mathrm{c}})=0$ für jedes $G\in\Delta$. Damit existieren Zufallsgrößen $\xi_G \sim \mathbf{l}^{-1} \,\square\, (T_{\mathrm{pr}_{\mathrm{R}\times\mathbb{R}}} \,\square\, q(G,\cdot))$ für $G\in\Delta$, so dass $f\cdot h\in\bigcap_{G\in\Delta}\mathfrak{L}_1(\xi_G)$. Bezeichne $\widehat{\kappa}$ ebenso die Fortsetzung von (3.7) und $q'(G,\cdot) := \mathbf{l}^{-1} \,\square\, (T_{\mathrm{pr}_{\mathrm{R}\times\mathbb{R}}} \,\square\, q(G,\cdot))$, so gilt:

$$\begin{aligned} \int_{\mathrm{K}} \widehat{\kappa}(s)\,q(G,\mathrm{d}s) &= \int_{\mathfrak{F}}\int_{\mathrm{R}\times\mathbb{R}} f\cdot h\,\mathrm{d}\mathbf{l}^{-1}(T_{\mathrm{pr}_{\mathrm{R}\times\mathbb{R}}}(s))\,q(G,\mathrm{d}s) \\ &= \int_{\mathfrak{N}_f}\int_{\mathrm{R}\times\mathbb{R}} f\cdot h\,\mathrm{d}\xi\,q'(G,\mathrm{d}\xi) \\ &= \int_{\mathrm{R}\times\mathbb{R}} f\cdot h\,\mathrm{d}\mathbf{M}_G \\ &= \int_{\mathrm{R}\times\mathbb{R}} f\,\mathrm{d}\mu_G. \end{aligned}$$

Die vorletzte Gleichheit ergibt sich dabei aus dem Satz von Campbell (vgl. Satz B.29, Seite 112). ■

3.16 Satz Seien $(\Delta,\mathcal{F})$ eine Populationsklasse aus $\mathrm{G_e}(\mathrm{R},\mathbb{R})$ und $q\in\mathrm{Samp}(\Delta,\mathcal{F})$ ein Stichprobendesign vom HT-Typ, dann sind alle Voraussetzungen von Satz 3.15 erfüllt. Bezeichnet $\mathbf{p}$ ebenso die messbare, strikt positive Fortsetzung von $\mathbf{p}|_{\bigcup\Delta}$ auf $\mathrm{R}\times\mathbb{R}$, so liefert eine Fortsetzung von

$$\widehat{\kappa}(s) := \int_{\mathrm{R}\times\mathbb{R}} \frac{f}{\mathbf{p}}\,\mathrm{d}\mathbf{l}^{-1}(T_{\mathrm{pr}_{\mathrm{R}\times\mathbb{R}}}(s)) \qquad \text{für } s\in\mathfrak{F}(\mathrm{R}\times\mathbb{R}\times\mathbb{N})$$

auf $\mathrm{K}(\mathrm{R}\times\mathbb{R}\times\mathbb{N})$ den HT-Schätzer aus Satz 3.8 (b) bis auf q-Nullmengen.◆

[10] Für zwei Maße μ, ν bezeichnen wir mit $\frac{\mathrm{d}\nu}{\mathrm{d}\mu}$ die Menge der Radon-Nikodým-Ableitungen.

Beweis: Das Stichprobendesign q ist punktartig, denn: Da $(\Delta,\mathcal{F})$ eine Populationsklasse aus $\mathfrak{G}_e(\mathfrak{R},\mathbb{R})$ ist, haben wir zunächst $\mathfrak{K}(G\times\mathbb{N})=\mathfrak{F}(G\times\mathbb{N})$ für jedes $G\in\Delta$. Ferner gilt nach Definition eines Stichprobendesigns $q(G,\mathfrak{K}(G\times\mathbb{N})^c)=0$, womit wir schließlich $q(G,\mathfrak{F}(G\times\mathbb{N})^c)=0$ für jedes $G\in\Delta$ erhalten.

Seien nun $G\in\Delta$ und $s\in\mathfrak{F}(\mathfrak{R}\times\mathbb{R}\times\mathbb{N})$, so ist

$$\mathbb{1}_{T_{\mathrm{pr}_{\mathfrak{R}\times\mathbb{R}}}(s)}\in\frac{\mathrm{d}\mathbf{l}^{-1}(T_{\mathrm{pr}_{\mathfrak{R}\times\mathbb{R}}}(s))}{\mathrm{d}\zeta}.$$

Ferner gilt für $B\subset\mathfrak{R}\times\mathbb{R}$ mit $|B|<\infty$

$$\begin{aligned}\mathbf{M}_G(B) &= \int_{\mathfrak{K}(\mathfrak{R}\times\mathbb{R}\times\mathbb{N})}\int_{\mathfrak{R}\times\mathbb{R}}\mathbb{1}_B\,\mathrm{d}\mathbf{l}^{-1}(T_{\mathrm{pr}_{\mathfrak{R}\times\mathbb{R}}}(s))\,q(G,\cdot)(\mathrm{d}s)\\ &= \int_{\mathfrak{K}(\mathfrak{R}\times\mathbb{R}\times\mathbb{N})}\int_{\mathfrak{R}\times\mathbb{R}}\mathbb{1}_B\,\mathbb{1}_{T_{\mathrm{pr}_{\mathfrak{R}\times\mathbb{R}}}(s)}\,\mathrm{d}\zeta\,q(G,\mathrm{d}s)\\ &= \sum_{(r,y)\in B}\int_{\mathfrak{K}(\mathfrak{R}\times\mathbb{R}\times\mathbb{N})}\mathbb{1}_{\mathrm{pr}_{\mathfrak{R}\times\mathbb{R}}(s)}(r,y)\,q(G,\mathrm{d}s)\\ &= \sum_{(r,y)\in B}\underbrace{q(G,\mathfrak{K}_{\{(r,y)\}\times\mathbb{N}})}_{=\mathbf{p}(r,y)}.\end{aligned}$$

Da q vom HT-Typ ist gilt einerseits $\mathbf{p}(r,y):=q(G,\mathfrak{K}_{\{(r,y)\}\times\mathbb{N}})>0$ für alle $(r,y)\in G$. Für die Maße $\mathrm{d}\mu_G:=\mathbb{1}_G\,\mathrm{d}\zeta$ haben wir dann $\mu_G\ll\mathbf{M}_G$. Andererseits liefert die Unabhängigkeit der Inklusionswahrscheinlichkeiten $\mathbf{p}$ vom Populationsparameter G, dass

$$\left((r,y)\mapsto\frac{1}{\mathbf{p}(r,y)}\right)\in\bigcap_{G\in\Delta}\frac{\mathrm{d}\mu_G}{\mathrm{d}\mathbf{M}_G}$$

gilt, wobei $\mathbf{p}$ ebenso die nach Voraussetzung existierende messbare und strikt postive Fortsetzung von $\mathbf{p}|_{\cup\Delta}$ auf $\mathfrak{R}\times\mathbb{R}$ darstellen soll.

Nach Satz 3.15 ist dann eine messbare Fortsetzung von $\widehat{\kappa}:\mathfrak{F}\to\mathbb{R}$ mit

$$\begin{aligned}\widehat{\kappa}(s) &:= \int_{\mathfrak{R}\times\mathbb{R}}f\cdot{}^1\!/\!_{\mathbf{p}}\,\mathrm{d}\mathbf{l}^{-1}(T_{\mathrm{pr}_{\mathfrak{R}\times\mathbb{R}}}(s))\\ &= \int_{\mathfrak{R}\times\mathbb{R}}f\cdot{}^1\!/\!_{\mathbf{p}}\mathbb{1}_{T_{\mathrm{pr}_{\mathfrak{R}\times\mathbb{R}}}(s)}\,\mathrm{d}\zeta\end{aligned}$$

für $s\in\mathfrak{F}$ q-fast sicher identisch mit dem in Satz 3.8 (b) gegebenen HT-Schätzer. ■

Während die Definition der Inklusionswahrscheinlichkeiten sowie die der Regularitätseigenschaft „vom HT-Typ“ eines Stichprobendesigns im vorherigen Abschnitt eher plötzlich auftraten und deren Notwendigkeit nur zum Teil anschaulich begründet werden konnte, wirft der Beweis von Satz 3.16 etwas mehr Licht auf die Konstruktion von Horvitz und Thompson. So stellen die Inklusionswahrscheinlichkeiten $\mathbf{p}$ auf G gerade die Zähldichte von $\mathbf{M}_G$ dar. Ferner benötigen wir Stichprobendesigns vom HT-Typ, damit wir schließlich für die verschiedenen μ_G *eine* solche Intensitätsmaßdichte erhalten, die dann unabhängig vom Populationsparameter $G \in \Delta$ ist.

Der Satz 3.15 liefert nun auch für nichtendliche Populationen erwartungstreue Schätzer wie im folgenden Beispiel.

3.17 Beispiel (Erwartungswert, unabhängiges Ziehen) Wir betrachten das Stichprobendesign des n-maligen unabhängigen Ziehens $\mathbf{u}_n$ und

$$\Delta := \{G \in \mathfrak{L}(]0,1[) : |\boldsymbol{\mu}(G \,\square\, \mathbf{U}_{]0,1[})| < \infty\},$$

als Populationsklasse. Ferner interessiert nun die durchschnittliche Merkmalsausprägung einer Population, d. h. der Parameter (vgl. Beispiel 3.5, Seite 53)

$$\boldsymbol{\mu}(G) := \boldsymbol{\mu}(G \,\square\, \mathbf{U}_{]0,1[}) = \int \mathbf{id}_{\mathbb{R}} \, \mathrm{d}(G \,\square\, \mathbf{U}_{]0,1[}) = \int_{\mathbb{R}\times\mathbb{R}} \mathrm{pr}_{\mathbb{R}} \, \mathrm{d} \underbrace{(\mathbf{id}_{]0,1[}, G) \,\square\, \mathbf{U}_{]0,1[}}_{=:\mu_G}$$

für $G \in \Delta$. Zur Berechnung des Intensitätsmaßes von[11] $\mathbf{1}^{-1} \,\square\, \mathbf{u}_n(G, \cdot)$ erinnern wir an die Existenz eines Markov-Kerns K_1, so dass

$$\mathbf{u}_n(G, \cdot) = K_1 \,\square\, \left((\mathbf{id}_{]0,1[^n}, G^{\otimes n}) \,\square\, \mathbf{U}_{]0,1[^n}\right)$$

gilt (vgl. Lemma 1.24, Seite 30). Ferner existiert (Beispiel 1.27, Seite 34) ein K_2 derart, dass

$$\mathbf{u}_n(G, \cdot) = (K_1 \circ K_2) \,\square\, \Big(\big(\underbrace{(\mathbf{id}_{]0,1[}, G), \dots, (\mathbf{id}_{]0,1[}, G)}_{n\text{-mal}}\big) \,\square\, \mathbf{U}_{]0,1[^n}\Big).$$

[11]Man beachte dabei: Das Stichprobendesign $\mathbf{u}_n$ ist einfach.

Mit $\mathrm{R} =]0,1[$, $G \in \Delta$ und $B \in \mathscr{B}(]0,1[) \otimes \mathscr{B}(\mathbb{R})$ erhalten wir schließlich[12]

$$\begin{aligned}
&\mathbf{M}_G(B) \\
&= \int_{\mathrm{K}(\mathrm{R}\times\mathbb{R})} \int_{\mathrm{R}\times\mathbb{R}} \mathbb{1}_B \, \mathrm{d}\mathbf{l}^{-1}(s)\,\mathbf{u}_n(G,\mathrm{d}s) \\
&= \int_{\mathrm{K}(\mathrm{R}\times\mathbb{R})} \sum_{(r,y)\in s} \mathbb{1}_B(r,y)\big((K_1 \circ K_2) \,\square\, ((\mathbf{id}_{]0,1[},G),\dots,(\mathbf{id}_{]0,1[},G)) \,\square\, \mathbf{U}_{]0,1[^n}\big)(\mathrm{d}s) \\
&= \int_{(]0,1[\times\mathbb{R})^n} \sum_{i=1}^{n} \mathbb{1}_B(x_i)\big((\mathbf{id}_{]0,1[},G) \,\square\, \mathbf{U}_{]0,1[^n}\big)^{\otimes n}(\mathrm{d}x) \\
&= \int_{(]0,1[\times\mathbb{R})^n} \sum_{i=1}^{n} \mathbb{1}_B(\mathrm{pr}_i(x))\big((\mathbf{id}_{]0,1[},G) \,\square\, \mathbf{U}_{]0,1[^n}\big)^{\otimes n}(\mathrm{d}x) \\
&= n \cdot (\mathbf{id}_{]0,1[},G) \,\square\, \mathbf{U}_{]0,1[}(B).
\end{aligned}$$

Dann ist offensichtlich $h \equiv 1/n$ eine $\mathbf{M}_G$-Dichte von $\mu_G := (\mathbf{id}_{]0,1[},G) \,\square\, \mathbf{U}_{]0,1[}$. Mit Hilfe des Satzes 3.15 stoßen wir somit auf das vertraute arithmetische Mittel

$$\widehat{\mu}(s) = \frac{1}{n} \sum_{(r,y)\in s} y \qquad \text{für } s \in \mathrm{F}$$

als erwartungstreuen Schätzer für $(\mathbf{u}_n|_\Delta, \boldsymbol{\mu})$. ◆

Eine weitere Anwendung von Satz 3.15 wollen wir für die von Mandallaz (2007) bevorzugten „lokalen [Populations-]Dichten“ geben. Damit soll zugleich etwas Klarheit bezüglich der Zusammenhänge zwischen den hier formulierten Modellen zu Waldinventuren und der Handhabung in Mandallaz (2007) geschaffen werden.

3.18 Beispiel Wir betrachten wieder mit $\mathrm{R} := [a,b] \times [c,d]$ ein interessierendes Waldgebiet und wie auch schon in Beispiel 3.10

$$\Delta := \big\{G \in \mathbb{G}_e(\mathrm{R},]0,\infty[) : \forall r \in \mathrm{dom}(G) \text{ gilt } \overline{\mathrm{K}}_\rho(r) \subset \mathrm{R}\big\}$$

als Klasse der Waldpopulationen, dessen Populationscharakteristik die Brusthöhendurchmesser seien. Wahrscheinlich unter dem Einfluss der bereits zuvor verwendeten Schätzer (vgl. Beispiele 3.10, Seite 57) für Parameter der Art

$$\kappa(G) := \sum_{(r,y)\in G} f(y) \qquad (G \in \Delta)$$

[12] Für eine Zufallsgröße X auf einem Wahrscheinlichkeitsraum $(\Omega,\mathscr{F},P)$ gilt $X^{\otimes n} \,\square\, P^{\otimes n} = (X \,\square\, P)^{\otimes n}$. Außerdem ist $\mathbf{U}_{]0,1[^n} = \mathbf{U}_{]0,1[}^{\otimes n}$.

mit $f \in \mathfrak{L}(]0,\infty[)$, betrachtet Mandallaz (2007, Seite 55–59) dann jeweils statt $G \in \Delta$ alternativ den Parameter

$$\tau(G)(x) := \sum_{(r,y)\in G} \frac{f(y)}{\mathbf{p}(r,y)} \mathbb{1}_{\overline{\mathrm{K}}_\rho(r)}(x) \qquad (x \in \mathrm{R}).$$

Dieser wird dort *lokale Dichte*[13] genannt. Sei jetzt $\Theta := \tau(\Delta)$, so formuliert Mandallaz (2007) ferner implizit die Populationsannahme $\mathcal{R}_\mathrm{m} := (\boldsymbol{\delta}_Z : Z \in \Theta)$, verwendet das Stichprobendesign $\mathbf{m}_\mathrm{F}(Z,\cdot) := (x \mapsto \{x\}) \circ (\mathbf{id}_\mathrm{R}, Z) \,\square\, \mathbf{U}_\mathrm{R}$ für $Z \in \Theta$ und sucht einen erwartungstreuen Schätzer für $(\mathbf{m}_\mathrm{F}, \boldsymbol{\mu})$. Wegen

$$\begin{aligned} \boldsymbol{\mu}(Z) &= \int_\mathrm{R} Z \,\mathrm{d}\mathbf{U}_\mathrm{R} \\ &= \int_{\mathrm{R}\times\mathbb{R}} \mathrm{pr}_\mathbb{R} \,\mathrm{d}\underbrace{(\mathbf{id}_\mathrm{R}, Z) \,\square\, \mathbf{U}_\mathrm{R}}_{=:\,\mu_Z} \end{aligned}$$

besitzt der Erwartungswert von Z bekanntlich die geforderte Integraldarstellung.

Das Intensitätsmaß von $\mathbf{I}^{-1} \,\square\, \mathbf{m}_\mathrm{F}(Z,\cdot)$ ist offenbar $\mathbf{M}_Z = (\mathbf{id}_\mathrm{R}, Z) \,\square\, \mathbf{U}_\mathrm{R}$ für $Z \in \Theta$, so dass wir nach Satz 3.15 durch eine messbare Fortsetzung von

$$\begin{aligned} \widehat{\mu}\big(\{(u, Z(u))\}\big) &:= \int Z \,\mathrm{d}\boldsymbol{\delta}_u \\ &= \sum_{(r,y)\in G} \frac{f(y)}{\mathbf{p}(r,y)} \mathbb{1}_{\overline{\mathrm{K}}_\rho}(u) \\ &= \sum_{(r,y)\in G\cap \overline{\mathrm{K}}_\rho(u)\times\mathbb{R}} \frac{f(y)}{\mathbf{p}(r,y)} \qquad \text{für } \{(u, Z(u))\} \in \mathfrak{F}_1 \end{aligned}$$

auf $\mathrm{K}(\mathrm{R}\times\mathbb{R})$ einen erwartungstreuen Schätzer für $(\mathbf{m}_\mathrm{F}, \boldsymbol{\mu})$ erhalten. ◆

3.19 Bemerkung In der Situation von Beispiel 3.18 betrachten wir nun speziell $f(y) := (1/\lambda^2(\mathrm{R})) \cdot y^2/4 \cdot \pi$ für $y \in]0,\infty[$, d. h. die Bestandesgrundfläche $\boldsymbol{\beta}$ als Parameter, das Stichprobendesign der Flächenstichprobe $\mathbf{w}_\mathrm{F}$ sowie die Populationsannahme $\mathcal{R} := (\boldsymbol{\delta}_G : G \in \Delta)$, mit nichtleerer Populationsklasse $\Delta \subset \mathfrak{G}_\mathrm{e}(\mathrm{R},]0,\infty[)$. Dann entspricht $\widehat{\mu}$ aus Beispiel 3.18 gerade dem bereits in Beispiel 3.10 konstruierten Horvitz-Thompson-Schätzer $\widehat{\beta}$ aus (3.5). Die Beziehungen zwischen den Modellformulierungen von Mandallaz (2007) und

[13] Die Bezeichnung entspricht der direkten Übersetzung des von Mandallaz (2007) verwendeten Namen „local density".

denen aus Beispiel 3.10 lassen sich dann durch das folgende kommutative Diagramm veranschaulichen:[14]

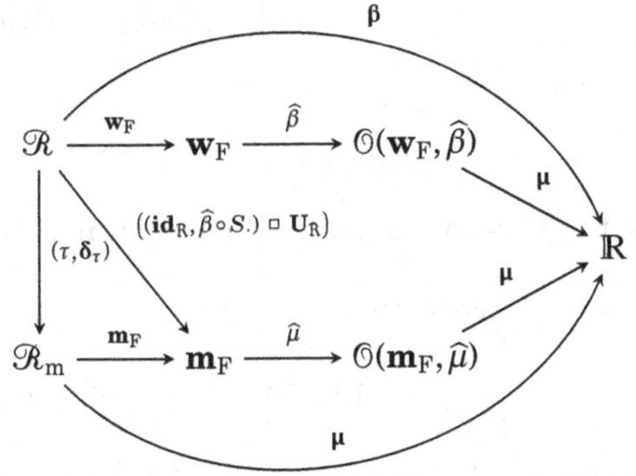

Dabei beachte man, dass wegen der Transformation der Parameter sowie der Populationsannahme $\mathcal{R}$ statt des Schätzproblems $(\mathbf{w}_\mathrm{F}, \boldsymbol{\beta})$ folglich $(\mathbf{m}_\mathrm{F}, \boldsymbol{\mu})$ interessiert. Der äußere obere bzw. der äußere unter Teil des Diagramms reflektieren die Erwartungstreue von $\widehat{\beta}$ bzw. $\widehat{\mu}$.

Wie die Transformation $\mathcal{R} \xrightarrow{((\mathbf{id}_\mathbb{R}, \widehat{\boldsymbol{\beta}}_\mathrm{F} \circ S.) \,\square\, \mathbf{U}_\mathbb{R})} \mathbf{m}_\mathrm{F}$ und die Kommutativität des zugehörigen Diagrammabschnittes jedoch auch verraten, geht in die Transformation $\mathcal{R} \xrightarrow{(\tau, \boldsymbol{\delta}_\tau)} \mathcal{R}_\mathrm{m}$, also in die der Parameterklasse und der Populationsannahme, ganz wesentlich der Schätzer $\widehat{\beta}$ ein. Man beachte dabei, dass $\widehat{\mu}$ im Wesentlichen $\mathrm{pr}_\mathbb{R}$ ist. Die eigentliche statistische Vorgehensweise wird also eher durch den oberen Diagrammteil beschrieben. ◆

Opsomer *et al.* (2007) haben wohl eine ähnliche Vorstellung von dem Waldparameter, betrachten jedoch eine gewisse systematische Auswahl. Wir formulieren nun das zugehörige Stichprobendesign und erhalten mit einer zum Beispiel 3.18 analogen Anwendung von Satz 3.15 einen in Opsomer *et al.* (2007) gegebenen Schätzer.

3.20 Beispiel Es sei jetzt mit $\mathsf{R} := [a,b] \times [c,d]$ wieder ein interessierendes Waldgebiet gegeben. Außerdem sei $\Delta \subset \{Z \in \mathsf{G}(\mathsf{R}, \mathbb{R}) : |\int Z \,\mathrm{d}\boldsymbol{\lambda}|_\mathsf{R}| < \infty\}$ die Populationsklasse. Ferner zerlegen wir R systematisch in $n \cdot m$ gleich große Teilrechtecke $D_{j,k}$ der Länge $\delta_1 := \frac{b-a}{n}$ und der Breite $\delta_2 := \frac{d-c}{m}$. Dann betrachtet man zu einer Realisation $u \in D_{1,1}$ die systematische Punktmenge $M(u) := \{u + (j \cdot \delta_1, k \cdot \delta_2) : j \in \{0,...,n-1\}, k \in \{0,...,m-1\}\}$, verwendet also

[14] Hierbei verwenden wir $S_G := S(G, \cdot)$ für $G \in \Delta$ mit der Abbildung S aus Beispiel 1.14 (Seite 21).

mit

$$\begin{array}{rcll} S(Z): & (D_{1,1},\mathscr{B}(D_{1,1})) & \to & \big(\mathrm{K}(\mathrm{R}\times\mathbb{R}),\mathscr{E}_{\mathrm{K}}(\mathrm{R}\times\mathbb{R})\big) \\ & u & \mapsto & \big\{\big(r,Z(r)\big) : r\in M(u)\big\} \end{array}$$

das Stichprobendesign

$$\mathbf{w}_S(Z,\cdot) := S(Z) \,\square\, \mathbf{U}_{D_{1,1}} \quad \text{für } Z\in\Delta.$$

Ferner interessiert in Opsomer *et al.* (2007) der Parameter

$$\begin{aligned} \kappa(Z) &:= \int_{\mathrm{R}} Z \,\mathrm{d}\boldsymbol{\lambda}^2|_{\mathrm{R}} \\ &= \int_{\mathrm{R}\times\mathbb{R}} \mathrm{pr}_{\mathbb{R}}\,\mathrm{d}(\mathbf{id}_{\mathrm{R}},Z) \,\square\, \boldsymbol{\lambda}^2|_{\mathrm{R}} \quad \text{für } Z\in\Delta. \end{aligned}$$

Das Intensitätsmaß von $\mathbf{l}^{-1} \,\square\, \mathbf{w}_S(Z,\cdot)$ ergibt sich dann aus

$$\begin{aligned} \mathbf{M}_Z(B) &= \int_{\mathrm{K}(\mathrm{R}\times\mathbb{R})}\int_{\mathrm{R}\times\mathbb{R}} \mathbb{1}_B \mathbb{1}_s \,\mathrm{d}\boldsymbol{\zeta}\, \mathbf{w}_S(Z,\mathrm{d}s) \\ &= \int_{D_{1,1}} \sum_{(r,z)\in S(Z)} \mathbb{1}_B(r,z)\,\mathrm{d}\mathbf{U}_{D_{1,1}} \\ &= \int_{D_{1,1}} \sum_{j=0}^{n-1}\sum_{k=0}^{m-1} \mathbb{1}_B\big(u+(j\cdot\delta_1,k\cdot\delta_2),Z(u+(j\cdot\delta_1,k\cdot\delta_2))\big)\,\mathbf{U}_{D_{1,1}}(\mathrm{d}u) \\ &= \int_{\mathrm{R}} \sum_{j=1}^{n}\sum_{k=1}^{m} \mathbb{1}_B(u,Z(u))\mathbb{1}_{D_{j,k}} \frac{1}{\delta_1\cdot\delta_2}\,\boldsymbol{\lambda}^2(\mathrm{d}u) \\ &= \frac{1}{\delta_1\cdot\delta_2}\big((\mathbf{id}_{\mathrm{R}},Z) \,\square\, \boldsymbol{\lambda}^2|_{\mathrm{R}}\big)(B), \end{aligned}$$

wobei $B\in\mathscr{B}(\mathrm{R})\otimes\mathscr{B}(\mathbb{R})$ sei. Schließlich erhalten wir nach Satz 3.15 den für $(\mathbf{w}_S|_\Delta,\kappa)$ erwartungstreuen Schätzer (als messbare Fortsetzung von)

$$\widehat{\kappa}(s) = \sum_{(r,z)\in s} \frac{z}{1/\delta_1\cdot\delta_2} \qquad \text{für } s\in\mathrm{F}(\mathrm{R}\times\mathbb{R}).$$

Dabei ist $\widehat{\kappa}$ gerade der „expansion estimator“ in Opsomer *et al.* (2007, Abschnitt 2.2, Seite 403, Gleichung (8)) ohne Betrachtung der Auswahl in der zweiten Stufe. ◆

3.3 Optimal erwartungstreue Schätzer

Zur Erinnerung an den Ausgangspunkt dieses Kapitels: Wir suchen optimale Schätzer bzgl. der Ordnung $\leq_{(\mathscr{P},\Phi)}$. Und aus einer dabei notwendigen

Bedingung entwickelte sich der Wunsch nach der Erwartungstreue eines Schätzers. Nachdem wir im vorherigen Abschnitt die Existenz erwartungstreuer Schätzer für gewisse klassische Integralparameter nachgewiesen haben, stellt sich nun die Frage nach der Güte dieser Schätzer. Für ein Problem $(\mathcal{P},\kappa)$ nennen wir ein in $(\mathfrak{E}_\kappa, \leq_{(\mathcal{P},\Phi)})$ kleinstes Element *optimal erwartungstreuen Schätzer*. Zur Existenz solcher Situationen können wir z. B. folgendes sagen (siehe Mattner, 2010a, Beispiel 8.3.16):

3.21 Beispiel Seien $\mathcal{P}_1 := (\mathbf{N}^{\otimes n}_{\mu,\sigma^2} : \mu \in \mathbb{R})$ für ein $\sigma \in]0,\infty[$ und $\mathcal{P}_2 := (P^{\otimes n} : P \in \mathrm{Prob}(\mathbb{R}), \boldsymbol{\mu}(P) \in \mathbb{R})$, so ist das Stichprobenmittel $\overline{\mathrm{y}}(y) = \frac{1}{n}\sum_{k=1}^{n} y_k$ für $y \in \mathbb{R}^n$ optimal erwartungstreu für $(\mathcal{P}_1, \mathbf{id}_{\mathbb{R}})$ und $(\mathcal{P}_2, \boldsymbol{\mu})$. ◆

Dagegen zeigten Godambe & Joshi (1965, Corollary 4.1, Seite 1713), dass für gewisse $q \in \mathrm{Samp}(\mathbb{R}^N)$ das Schätzproblem $(q, \boldsymbol{\tau})$ keinen UMV-Schätzer hat. Übersichtlicher und damit einfacher ist die Überlegung von Basu (1971, Seite 209), welche sich in unserem Rahmen wie folgt präsentiert:

3.22 Beispiel Seien $\Delta \subset \mathbb{R}^N$ mit $|\Delta| \geq 2$ und $q \in \mathrm{Samp}(\Delta)$ vom Horvitz-Thompson-Typ, jedoch von der Vollerhebung $\mathbf{v}_\Delta$ verschieden, dann sind für alle $G_0 \in \Delta$

$$\widehat{\kappa}_{G_0}(s) := \sum_{(r,y)\in s} \frac{y - G_0(r)}{\mathbf{p}(r,y)} + \boldsymbol{\tau}(G_0)$$

erwartungstreue Schätzer für $(q, \boldsymbol{\tau})$. Außerdem ist $\boldsymbol{\sigma}^2(\widehat{\kappa}_{G_0} \,\square\, q(G_0,\cdot)) = 0$ für jedes $G_0 \in \Delta$ und $\boldsymbol{\sigma}^2(\widehat{\kappa}_{G_0} \,\square\, q(G,\cdot)) > 0$ für jedes $G \in \Delta$ mit $G \neq G_0$. Damit existiert kein UMV-Schätzer, also auch kein optimal erwartungstreuer Schätzer für das genannte Schätzproblem. ◆

Während das Stichprobenmittel $\overline{\mathrm{y}}$ in Beispiel 3.21 den gewünschten Fall liefert, stellen wir mit Beispiel 3.22 für das verwandte Schätzproblem $(\mathbf{u}_{\mathrm{OZ}(n)}, \boldsymbol{\mu})$ fest: (Eine messbare Fortsetzung von) $\widehat{\mu}(s) := \frac{1}{n}\sum_{(r,y)\in s} y$ $(s \in \mathfrak{F})$ ist nicht optimal erwartungstreu für $(\mathbf{u}_{\mathrm{OZ}(n)}, \boldsymbol{\mu})$. Überhaupt, es gibt für $(\mathbf{u}_{\mathrm{OZ}(n)}, \boldsymbol{\mu})$ keinen optimal erwartungstreuen Schätzer.

Die Klasse der erwartungstreuen Schätzer $\mathfrak{E}_\kappa$ ist anscheinend im Allgemeinen zu groß, um für ein vorliegendes Schätzproblem $(\mathcal{P},\kappa)$ einen optimal erwartungstreuen Schätzer zu erhalten. Allerdings ist $\mathcal{P}$, wie etwa in Beispiel 3.22 durch q gegeben, in manchen Fällen gar nicht das ausschlaggebende Modell, da die dadurch modellierte Informationslage künstlich oder allgemein dem Schätzproblem nicht angemessen ist. Es können z. B. Daten vorhanden seien, die zur Bestimmung des (Populations-)Parameters nichts beitragen. Ereignisse, die durch irrelevante Zusatzinformationen beschrieben sind, haben unter P_ϑ für jedes $\vartheta \in \Theta$ die gleiche Wahrscheinlichkeit und heißen *anzillar*. Mengensysteme anzillarer Ereignisse heißen ebenfalls anzillar. Letztlich nennt man auch eine messbare Abbildung anzillar, deren erzeugte σ-Algebra anzillar ist.

Während also bei einer anzillaren Abbildung h die Verteilungen $h \square P_\vartheta$ für $\vartheta \in \Theta$ nicht unterschieden werden können, empfindet man in der *erwartungstreuen* Schätztheorie bereits die Übereinstimmung aller Erwartungswerte, d. h. mit einem $c \in \mathbb{R}$ den Fall

$$\mu(h \square P_\vartheta) = c \quad \text{für alle } \vartheta \in \Theta, \tag{3.8}$$

als störend. Schließlich könnten wir so mit erwartungstreuen Schätzern konfrontiert sein, die sich gegenüber diesen durch h beschriebenen Informationen sensibel zeigen. Abbildungen h, für die (3.8) gilt, heißen *anzillar erster Ordnung*. Konstante Abbildungen sind triviale Beispiele für anzillare Abbildungen bzw. insbesondere für solche erster Ordnung.

Zur Konstruktion des obigen Negativbeispiels machen wir tatsächlich erheblichen Gebrauch von den Registerinformationen. Im Folgenden interessieren wir uns für gewisse Datenreduktionen. Diese seien dabei so vorzunehmen, dass keine nichttrivialen anzillaren Ereignisse erster Ordnung vorherrschen. Wir kommen damit zu dem Begriff der Vollständigkeit einer σ-Algebra, der bekanntlich von E. L. Lehmann und H. Scheffé konzeptionell herausgearbeitet wurde[15].

3.23 Definition Sei $\mathscr{P} \subset \mathrm{Prob}(\mathfrak{X}, \mathscr{A})$ ein (unparametrisiertes) Modell, dann heißt eine σ-Algebra $\mathscr{C} \subset \mathscr{A}$ *(Lehmann-Scheffé-)vollständig* für $\mathscr{P}$, falls für jede messbare Funktion $h : (\mathfrak{X}, \mathscr{C}) \to (\mathbb{R}, \mathscr{B}(\mathbb{R}))$ mit $\int h \, dP = 0$ für alle $P \in \mathscr{P}$ schon $h = 0$ $\mathscr{P}$-fast sicher folgt.

Eine Abbildung $S : (\mathfrak{X}, \mathscr{A}) \to (\mathfrak{Y}, \mathscr{B})$ heißt *vollständig*, falls $\sigma(S)$ vollständig ist. Ist $\mathscr{A}$ vollständig, nennen wir auch $\mathscr{P}$ selbst *vollständig*. ◆

Hinter der von Lehmann und Scheffé gewählten Namensgebung, so vermuten Gordesch (1972) und Mandelbaum & Rüschendorf (1987), steckt der Einfluss der Funktionalanalysis. Diese Mutmaßung wird dabei mit entsprechenden Bezeichnungen in der Hilbertraumtheorie begründet. Mit

[15]Für entsprechende Bemerkungen und Referenzen siehe z. B. Pfanzagl (1994).

dem Satz von Hahn-Banach kann man aber auch eine direktere Veranschaulichung der Begriffsbildung geben.

3.24 Bemerkung Sei wieder $\mathcal{P} \subset \mathrm{Prob}(\mathfrak{X}, \mathcal{A})$ ein unparametrisiertes Modell, so verwenden wir mit einer Teil-σ-Algebra $\mathcal{C} \subset \mathcal{A}$ die Bezeichnungen

$$\mathfrak{L}_1(\mathcal{P}) := \mathfrak{L}_1(\mathfrak{X}, \mathcal{C}, \mathcal{P}) := \bigcap_{P \in \mathcal{P}} \mathfrak{L}_1(\mathfrak{X}, \mathcal{C}, P)$$

für den Vektorraum der aller $\mathcal{P}$-integrierbaren, $\mathcal{C}$-messbaren, $\mathbb{R}$-wertigen Funktionen. Ferner schreiben wir $\mathrm{L}_1(\mathcal{P})$ für die Menge der bzgl. der Äquivalenzrelation „$\mathcal{P}$-fast sicher" gebildeten Äquivalenzklassen von Funktionen aus $\mathfrak{L}_1(\mathcal{P})$. Auf $\mathrm{L}_1(\mathcal{P})$ sind durch

$$h_P(F) := \int_{\mathfrak{X}} |f| \, \mathrm{d}P \qquad \text{für } F \in \mathrm{L}_1(\mathcal{P}) \text{ und } f \in F$$

Halbnormen für $P \in \mathcal{P}$ gegeben, mit dessen erzeugter Topologie $\mathrm{L}_1(\mathcal{P})$ einen lokalkonvexen Hausdorff-Raum[16] darstellt. Wir bezeichnen nun mit $\mathrm{L}_1^*(\mathcal{P})$ den topologischen Dualraum von $\mathrm{L}_1(\mathcal{P})$, d. h. die Menge aller linearen stetigen Funktionale auf $\mathrm{L}_1(\mathcal{P})$. Ein zentraler Satz der Funktionalanalysis (Satz von Hahn-Banach) liefert dann, dass $F^*(F) = 0$ für alle $F^* \in \mathrm{L}_1^*(\mathcal{P})$ ausschließlich vom Nullelement $\mathbf{0} \in \mathrm{L}_1(\mathcal{P})$ geleistet werden kann. Damit kommt also eine Reichhaltigkeit des Dualraums zum Ausdruck, bezogen auf die $\mathcal{P}$-fast sichere eindeutige Bestimmung $\mathcal{P}$-integrierbarer, $\mathcal{C}$-messbarer Funktionen f anhand der Funktionale F^*.

Interessant ist daher, dass wir eine gewisse Menge an Funktionalen des Dualraums schon durch das Modell $\mathcal{P}$ vorfinden. Für $P \in \mathcal{P}$ sind nämlich durch[17]

$$\langle \cdot, P \rangle := \int_{\mathfrak{X}} \cdot \, \mathrm{d}P$$

lineare Funktionale auf $\mathrm{L}_1(\mathcal{P})$ gegeben, welche bezüglich der hier betrachteten Topologie $\tau(h_P : P \in \mathcal{P})$ stetig[18] sind. Nach Definition 3.23 nennen wir also $\mathcal{P}|_{\mathcal{C}}$ bzw. $\mathcal{C}$ für $\mathcal{P}$ vollständig, falls die Elemente $f \in \mathfrak{L}_1(\mathfrak{X}, \mathcal{C}, \mathcal{P})$ bereits durch die Koordinaten $\int f \, \mathrm{d}P$ für $P \in \mathcal{P}$ „vollständig" beschrieben sind, d. h. wieder bis auf $\mathcal{P}$-fast sichere Gleichheit. ◆

Das einfachste Beispiel für eine vollständige σ-Algebra ist die triviale σ-Algebra $\{\emptyset, \mathfrak{X}\}$. Nützlicher wird aber das Mengensystem (vgl. Kagan *et al.*,

[16] Siehe Werner (1995, Lemma VIII.1.4, Seite 320).
[17] Als Integrand wähle man hierbei wieder einen Repräsentanten der Äquivalenzklasse.
[18] Wegen $|\langle F, P \rangle| \leq h_P(F)$ für $F \in \mathrm{L}_1(\mathcal{P})$, $P \in \mathcal{P}$ und Werner (1995, Satz VIII.2.3, Seite 323).

2014, Theorem 3.2)

$$\mathscr{C}(\mathscr{P}) := \left\{ A \in \mathscr{A} : \int \mathbb{1}_A h \,\mathrm{d}P = 0 \text{ für alle } h \in \mathfrak{E}_0 \text{ und alle } P \in \mathscr{P} \right\} \tag{3.9}$$

sein, welches offensichtlich ein Dynkin-System und darüber hinaus $\cap$-stabil ist, denn: Für $A, B \in \mathscr{C}(\mathscr{P})$ gilt

$$\int \mathbb{1}_{A\cap B} h \,\mathrm{d}P = \int \mathbb{1}_A \underbrace{(\mathbb{1}_B h)}_{\in \mathfrak{E}_0} \mathrm{d}P = 0 \quad \text{für alle } h \in \mathfrak{E}_0 \text{ und } P \in \mathscr{P}.$$

Damit ist $\mathscr{C}(\mathscr{P})$ eine σ-Algebra, die gerade so gewählt ist, dass sie uns die gewünschte Vollständigkeitsimplikation aus Definition 3.23 liefert. Mit ihr erhalten wir im folgenden Satz: Ein Schätzer ist genau dann optimal erwartungstreu, wenn er $\mathscr{C}(\mathscr{P})$-messbar.

3.25 Satz Sei κ ein interessierender Parameter für $\mathscr{P}$, dann sind für $\widehat{\kappa} \in \mathfrak{E}_\kappa$ die folgenden Aussagen äquivalent:

(i) $\widehat{\kappa}$ ist optimal erwartungstreu

(ii) $\widehat{\kappa}$ ist $\mathscr{C}(\mathscr{P})$ messbar

(iii) $\widehat{\kappa} \in \bigcap_{\tilde{\kappa} \in \mathfrak{E}_\kappa} \bigcap_{P \in \mathscr{P}} P(\tilde{\kappa} | \mathscr{C}(\mathscr{P}))$

Beweis: Siehe Schmetterer & Strasser (1974) und Kagan *et al.* (2014, Theorem 3.2). ■

Wir kehren nun zum zweiten Eingangsbeispiel 3.22 zurück, welches den Fall der Nichtexistenz optimal erwartungstreuer Schätzer darlegt und stellen fest:

3.26 Bemerkung Mit Satz 3.25 folgt durch Kontraposition, dass es in der Situation von Beispiel 3.22 für $(q, \boldsymbol{\tau})$ keinen erwartungstreuen $\mathscr{C}(q)$-messbaren Schätzer gibt. ◆

Betrachten wir nun für q aus Bemerkung 3.26 eine wie oben beschriebene Datenreduktion bzw. Modellanpassung, d. h. eine Transformation $q \xrightarrow{\varphi}: \mathscr{P}$ mit einer vollständigen Abbildung φ, so haben wir mit $\mathscr{C}(\mathscr{P})$ die der Familie $\mathscr{P}$ zugrundeliegende σ-Algebra. Lässt sich darüber hinaus ein für (q, κ) erwartungstreuer Schätzer $\widehat{\kappa}$ mit φ in der Art $\widehat{\kappa} = \widehat{\alpha} \circ \varphi$ faktorisieren, so ist dann offensichtlich $\widehat{\alpha}$ optimal erwartungstreu für $(\mathscr{P}, \kappa)$. Dieser ist dann überhaupt auch der einzige erwartungstreue Schätzer für

$(\mathscr{P},\kappa)$, abgesehen von Abänderungen auf $\mathscr{P}$-Nullmengen. Diesen Gedanken notieren wir noch einmal allgemein:

3.27 Bemerkung Sei $\mathbb{Q} = (Q_\vartheta : \vartheta \in \Theta)$ ein statistisches Modell auf $(\mathfrak{Y},\mathscr{B})$. Ferner seien $\widehat{\kappa}$ ein für ein Schätzproblem $(\mathbb{Q},\kappa)$ erwartungstreuer Schätzer, $\varphi : (\mathfrak{Y},\mathscr{B}) \to (\mathfrak{X},\mathscr{A})$ eine für $\mathbb{Q}$ vollständige Abbildung und $\mathscr{P} := (\varphi \,\Box\, Q_\vartheta : \vartheta \in \Theta)$. Besitzt $\widehat{\kappa}$ die Faktorisierung $\widehat{\kappa} = \widehat{\alpha} \circ \varphi$ mit einem $\widehat{\alpha} : (\mathfrak{X},\mathscr{A}) \to (\mathbb{R},\mathscr{B}(\mathbb{R}))$, so ist $\widehat{\alpha}$ der $\mathscr{P}$-f. s. einzige erwartungstreue Schätzer für $(\mathscr{P},\kappa)$. ◆

Die Situation in Bemerkung 3.27 veranschaulicht das folgende kommutative Diagramm:

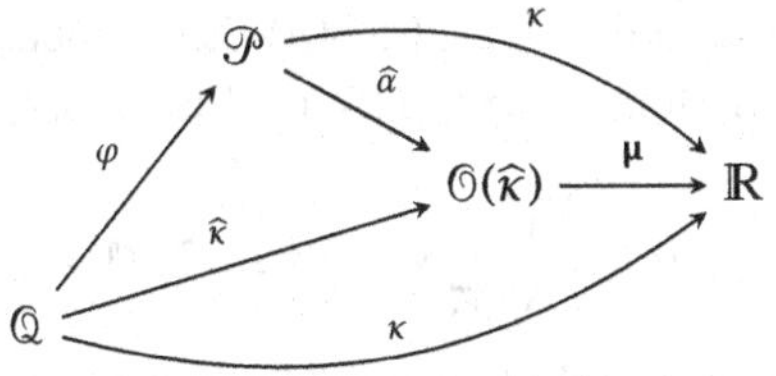

Vor diesem Hintergrund betrachten wir jetzt erneut das erste Eingangsbeispiel 3.21, bei welchem ein optimal erwartungstreuer Schätzer für $(\mathscr{P}_1,\mathbf{id}_\mathbb{R})$ bzw. $(\mathscr{P}_2,\boldsymbol{\mu})$ existiert. Beispielhaft für $\mathscr{P}_2$ notieren wir hierzu noch einmal die stichprobentheoretische Modellbildung (vgl. Beispiel 1.25, Seite 32)

$$\left(\boldsymbol{\delta}_G : G \in \Delta\right) \xrightarrow{\mathbf{u}_n|_\Delta} \mathbf{u}_n|_\Delta \cong \mathcal{U}_{n,\Delta} \xrightarrow{(\tau,K)} \left(P^{\otimes n} : P \in \mathrm{Prob}(\mathbb{R}),\ \boldsymbol{\mu}(P) \in \mathbb{R}\right)$$

mit $\Delta := \{G \in \mathfrak{L}(]0,1[) : |\boldsymbol{\mu}(G \,\Box\, \boldsymbol{\lambda})| < \infty\}$, sowie $\tau(G) := G \,\Box\, \mathbf{U}_{]0,1[}$ für $G \in \Delta$ und $K((u,g),\cdot) := \boldsymbol{\delta}_g$ für $(u,g) \in\,]0,1[^n \times \mathbb{R}^n$.

Ein wichtiger Schritt, der uns schließlich die Existenz eines optimal erwartungstreuen Schätzers liefern wird, liegt in der letzten Transformation mit (τ,K). Dieser beschreibt bekanntlich den Verzicht auf die Registerinformationen u (vgl. Beispiel 1.25, Seite 32). Royall (1968) (zitiert nach Godambe (1970)) war wohl einer der ersten, der diesen Effekt des Informationsverzichtes ausnutzte und zeigte: (Eine messbare Fortsetzung von) $\widehat{\mu}(s) := \frac{1}{n}\sum_{y\in s} y$ für $s \in \mathfrak{F}(\mathbb{R})$ ist für das Schätzproblem $(\mathbf{u}_{\mathrm{OZ}(n)},\boldsymbol{\mu})$ ein UMV-Schätzer. In Cassel *et al.* (1977, Lemma 3.7, Corollary 3.7, Seite 73 f.) betrachtet man diesen Ansatz allgemeiner, so dass sich darauf aufbauend Folgendes formulieren lässt.

3.28 Satz Sei $q \in \mathrm{Samp}(\mathbb{R}^N)$ ein nichtadaptives FES(n)-Stichprobendesign vom Horvitz-Thompson-Typ, so ist die Abbildung

$$\begin{array}{cccc} \varphi: & \mathfrak{K}(\mathsf{R} \times \mathbb{R} \times \mathbb{N}) & \to & \mathfrak{K}(\mathbb{R}) \\ & s & \mapsto & \left\{\frac{y}{\mathbf{p}(r,y)} : (r,y,k) \in s\right\} \end{array} \tag{3.10}$$

vollständig für q. ◆

Beweis: Siehe Cassel *et al.* (1977, Lemma 3.7, Seite 73 f.). ■

3.29 Beispiel (Urnenmodell ohne Zurücklegen) Das Stichprobendesign $\mathbf{u}_{\mathrm{OZ}(n)}$ für $\mathbb{R}^N$ ist ein nichtadaptives, FES(n)-Stichprobendesign vom Horvitz-Thompson-Typ. Nach Bemerkung 3.27 und Satz 3.28 ist (eine messbare Fortsetzung von)

$$\widehat{\mu}(s) := \frac{1}{N} \sum_{y \in s} y \qquad \text{für } s \in \mathfrak{F}_n(\mathbb{R})$$

einziger erwartungstreuer Schätzer für $(\mathscr{P}, \boldsymbol{\mu})$, wobei $\mathscr{P} := (\varphi \,\Box\, \mathbf{u}_{\mathrm{OZ}(n)}(G, \cdot) : G \in \mathbb{R}^N)$ sei. Damit ist $\widehat{\mu}$ trivialerweise optimal erwartungstreu.[19] Für $(\mathscr{P}, \boldsymbol{\tau})$ ist

$$\widehat{\tau}(s) := \sum_{y \in s} y \qquad \text{für } s \in \mathfrak{F}_n(\mathbb{R})$$

einziger erwartungstreuer und daher auch optimal erwartungstreuer Schätzer, wieder nach Bemerkung 3.27 und Satz 3.28.[20] ◆

Tatsächlich betrachten Cassel *et al.* (1977, Corollary 3.7, Seite 75) gleich eine ganze Schar an Schätzproblemen, wodurch deren Aussage etwas unübersichtlich bzw. unklar wird. Wir führen diesen Aspekt etwas detaillierter aus:

3.30 Bemerkung Sei $q \in \mathrm{Samp}(\mathbb{R}^N)$ ein nichtadaptives FES(n)-Stichprobendesign vom Horvitz-Thompson-Typ, so betrachten Cassel *et al.* (1977, Abschnitt 3.5, Seite 72, Gleichung (5.1)) mit einem $G_0 \in \mathbb{R}^N$ den statistischen Morphismus $(\mathbf{id}_{\mathbb{R}^N}, K_{G_0})$, wobei

$$K_{G_0}(s, \cdot) := \begin{cases} \boldsymbol{\delta}_{\{(r, y-G_0(r), k) : (r,y,k) \in s\}}, & \text{für } s \in \mathfrak{F}(\mathsf{R} \times \mathbb{R} \times \mathbb{N}) \\ \boldsymbol{\delta}_{\mathbf{id}_{\mathfrak{K}}}, & \text{sonst} \end{cases}.$$

[19] Für sich genommen ist diese Erkenntnis etwas witzlos. Sie sollte daher im Zusammenhang mit nachfolgender Bemerkung 3.31 sowie mit denen in Abschnitt 3.4 gegebenen weiteren Bemerkungen betrachtet werden.

[20] Beachte, dass hier $\mathbf{p} \equiv \frac{n}{N}$ auf $\mathsf{R} \times \mathbb{R}$ gilt. Statt φ aus (3.10) kann man also auch $\psi : s \mapsto \{y : (r,y,n) \in s\}$ und damit $\mathbf{u}_{\mathrm{OZ}(n)} \xrightarrow{\psi} \mathscr{P}'$ betrachten. Entsprechend sind dann $\widehat{\mu}'(s) := \frac{1}{n}\sum_{y \in s} y$ und $\widehat{\tau}'(s) := N \cdot \frac{1}{n}\sum_{y \in s} y$ für $s \in \mathfrak{F}_n(\mathbb{R})$ die erwartungstreuen Schätzer für $(\mathscr{P}', \boldsymbol{\mu})$ und $(\mathscr{P}', \boldsymbol{\tau})$.

Dieser Morphismus ist offenbar ein Isomorphismus zwischen q und q_{G_0}, womit wir das transformierte Stichprobendesign $q_{G_0}(G,\cdot) := K_{G_0} \,\square\, q(G,\cdot)$ für $G \in \mathbb{R}^N$ bezeichnen.

Cassel *et al.* (1977, Corollary 3.7, Seite 75) überlegten sich dann aufgrund der Vollständigkeit von (3.10) für q, dass der sogenannte *Differenzenschätzer*

$$\widehat{\mu}_{G_0}(s) := \frac{1}{N}\sum_{z\in s} z + \boldsymbol{\mu}(G_0 \,\square\, \boldsymbol{\zeta}) \qquad \text{für } s \in \mathfrak{F}(\mathbb{R})$$

für das Schätzproblem $\big((\varphi \,\square\, q_{G_0}(G,\cdot) : G \in \mathbb{R}^N), \boldsymbol{\mu}\big)$ der einzige erwartungstreue Schätzer ist (vgl. Bemerkung 3.27 und Satz 3.28). Für jedes dieser verschiedenen Schätzprobleme haben wir genau einen zugehörigen (optimal) erwartungstreuen Schätzer, nämlich $\widehat{\mu}_{G_0}$. Bezeichne $\mathcal{R} := (\boldsymbol{\delta}_G : G \in \mathbb{R}^N)$ die (deterministische) Populationsannahme und sei $\mathcal{P}_{G_0} := (\varphi \,\square\, q_{G_0}(G,\cdot) : G \in \mathbb{R}^N)$, dann wird die Situation durch das folgende kommutative Diagramm veranschaulicht:

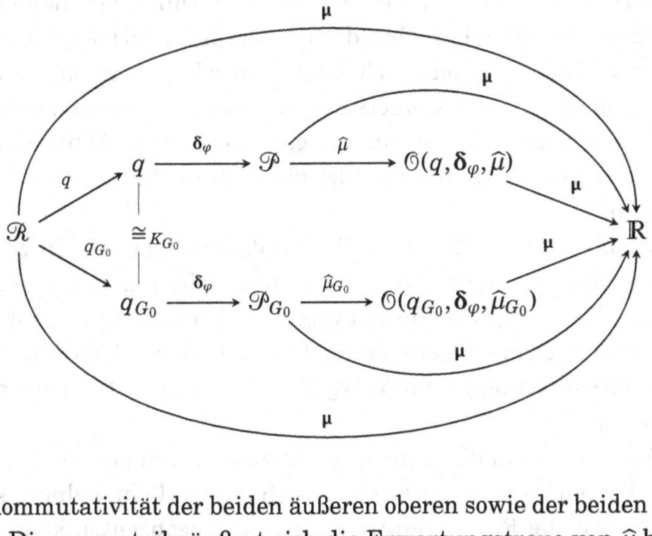

In der Kommutativität der beiden äußeren oberen sowie der beiden äußeren unteren Diagrammteile äußert sich die Erwartungstreue von $\widehat{\mu}$ bzw. $\widehat{\mu}_{G_0}$. Die Optimalität von $\widehat{\mu}$ und $\widehat{\mu}_{G_0}$ bezieht sich dabei ausschließlich auf die jeweils zu den Schätzproblemen $(\mathcal{P}, \boldsymbol{\mu})$ bzw. $(\mathcal{P}_{G_0}, \boldsymbol{\mu})$ gehörenden inneren Diagrammteile. Dass man dabei die Verschiedenheit der Schätzprobleme zu beachten hat, ergibt sich ferner daraus, dass wir nur zwischen q und q_{G_0} die Isomorphie (vermöge K_{G_0}) haben, nicht jedoch zwischen $\mathcal{P}$ und $\mathcal{P}_{G_0}$.

Mit der Parameterabbildung $\tau_{G_0}(G) := G + G_0$ für $G \in \mathbb{R}^N$ bietet das kommutative Diagramm

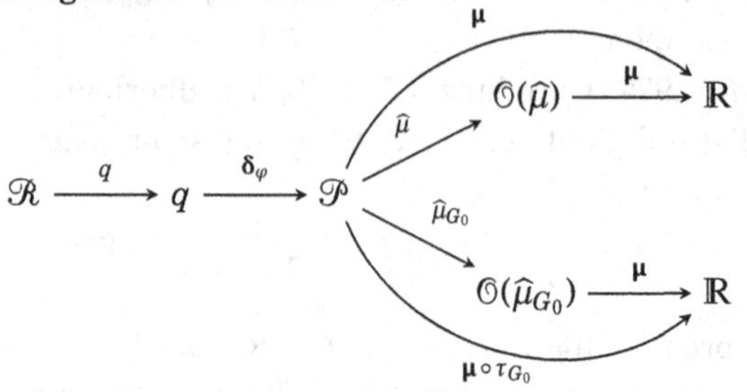

eine weitere Beschreibung der Situation. So ist $\widehat{\mu}_{G_0}$ ein optimal erwartungstreuer Schätzer für $(\mathcal{P}, \boldsymbol{\mu} \circ \tau_{G_0})$. ◆

Sofern die Registerinformationen der Populationselemente „ignoriert" werden können, erhalten wir unter gewissen Voraussetzungen mit dem Horvitz-Thompson-Schätzer einen optimal erwartungstreuen Schätzer. Zur Beantwortung der Frage, ob und wann Registerinformationen nun ignoriert werden können und insofern das transformierte Schätzproblem $(\mathcal{P}, \kappa)$ gerechtfertigt ist, macht man sich die Rolle der Registermenge und deren Einträge klar. Hierzu zählt einerseits die Art und Weise in der die Registermenge erscheint, andererseits die ggf. vorhandene Abhängigkeit des Horvitz-Thompson-Schätzers zum Beispiel über die Inklusionswahrscheinlichkeiten $\mathbf{p}$.

Im Beispiel 3.29 werden etwa die Populationselemente durchnummeriert, wobei die genaue Wahl der Durchnummerierung beliebig und unerheblich für das Stichprobendesign $\mathbf{u}_{\mathrm{OZ}(n)}$ ist. Ferner ist die Funktion der Inklusionswahrscheinlichkeiten $\mathbf{p}$ unabhängig von $r \in \mathrm{R}$, so dass hier eine Transformation von $\mathbf{u}_{\mathrm{OZ}(n)}$ mit $\boldsymbol{\delta}_\varphi$ (vgl. (3.10)) offensichtlich gerechtfertigt werden kann.

Das Verzichten auf die Registerinformationen beim unabhängigen Ziehen (vgl. Beispiel 3.17, Seite 64) lässt sich schon allein dadurch rechtfertigen, dass wir die Registereinträge gar nicht beobachten können. Zum Vergleich mit den Schätzproblemen aus Bemerkung 3.30 und den dort gegebenen Diagrammen sowie als Zusammenfassung der Beispiele und Ergebnisse zum unabhängigen Ziehen notieren wir:

3.31 Bemerkung Betrachte das Stichprobendesign des n-fachen unabhängigen Ziehens $\mathbf{u}_n$ für $\Delta_1' := \{\mathrm{F}^{-1}_{\mathbf{N}(\mu,\sigma^2)} : \mu \in \mathbb{R}\}$ und mit $\mathcal{R} := (\boldsymbol{\delta}_G : G \in \Delta)$ die (deterministische) Populationsannahme, dann ergibt sich die Beziehung von $\widehat{\mu}$ (Beispiel 3.17, Seite 64) und $\overline{\mathfrak{y}}$ (Beispiel 3.21, Seite 69) aus dem folgenden kommutativen Diagramm[21]

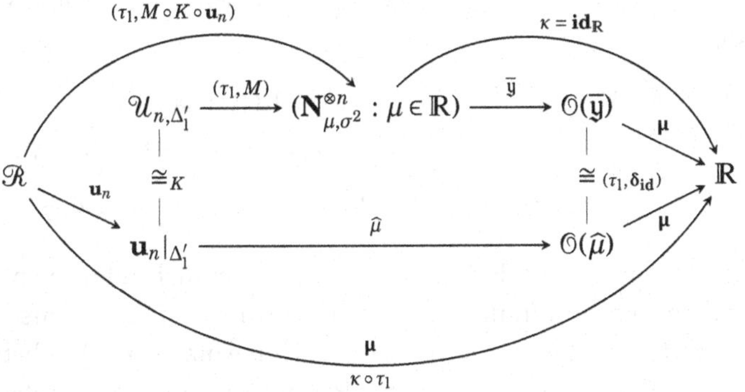

Hier gelingt die Isomorphie zwischen $\mathfrak{S}(\widehat{\mu})$ und $\mathfrak{S}(\overline{\mathfrak{y}})$, weil wir uns auf Δ_1' einschränken. Somit ist

$$\begin{array}{rccc} \tau_1 : & \Delta_1' & \to & \mathbb{R} \\ & F^{-1}_{\mathbf{N}(\mu,\sigma^2)} & \mapsto & \mu \end{array}$$

bijektiv. Schließlich haben wir für jedes $\mu \in \mathbb{R}$

$$\overline{\mathfrak{y}} \,\square\, \mathbf{N}^{\otimes n}_{\mu,\sigma^2} = \widehat{\mu} \,\square\, \mathbf{u}_n(F^{-1}_{\mathbf{N}(\mu,\sigma^2)}, \cdot).$$

Die statistischen Eigenschaften von $\widehat{\mu}$ sind die gleichen wie die von $\overline{\mathfrak{y}}$. Dennoch ist $\widehat{\mu}$ für $(\mathbf{u}_n|_{\Delta_1'}, \boldsymbol{\mu})$ nicht optimal erwartungstreu, wie man analog zum Beispiel 3.22 sieht: Mit $\widehat{\mu}_{\mu_0}(s) := \mu_0 + \frac{1}{n}\sum_{(r,y)\in s} y - F^{-1}_{\mathbf{N}(\mu_0,\sigma^2)}(r)$ für $s \in \mathcal{F}(]0,1[\times\mathbb{R})$ ist offensichtlich auch ein erwartungstreuer Schätzer gegeben, welcher $\boldsymbol{\sigma}^2(\widehat{\mu}_{\mu_0} \,\square\, \mathbf{u}_n(F^{-1}_{\mathbf{N}(\mu_0,\sigma^2)}, \cdot)) = 0$ für jedes $\mu_0 \in \mathbb{R}$ liefert. Außerdem ist $\boldsymbol{\sigma}^2(\widehat{\mu}_{\mu_0} \,\square\, \mathbf{u}_n(F^{-1}_{\mathbf{N}(\mu,\sigma^2)}, \cdot)) > 0$ für jedes $\mu \neq \mu_0$.

Beachte: Für $\mathcal{P} := (\mathbf{N}^{\otimes n}_{\mu,\sigma^2} : \mu \in \mathbb{R})$ sind z. B. auch $\widehat{\kappa} := \mathrm{pr}_j$ für $j = 1, \dots, n$, oder mit $a_1, \dots, a_n \in [0,1]$ und $\sum_{j=1}^n a_j = 1$ auch $\widehat{\kappa} := \sum_{j=1} a_j \mathrm{pr}_j$ erwartungstreue Schätzer. Dabei besteht jedoch allgemein die Beziehung (vgl. Beispiel 3.21 und Satz 3.25)

$$\overline{\mathfrak{y}} \in \bigcap_{\tilde{\kappa} \in \mathfrak{E}_{\boldsymbol{\mu}}} \bigcap_{\mu \in \mathbb{R}} \mathbf{N}^{\otimes n}_{\mu,\sigma^2}(\tilde{\kappa} | \mathscr{C}(\mathcal{P})),$$

bzw. $\overline{\mathfrak{y}} \,\square\, \mathbf{N}^{\otimes n}_{\mu,\sigma^2} \leq_{\mathrm{cx}} \tilde{\kappa} \,\square\, \mathbf{N}^{\otimes n}_{\mu,\sigma^2}$ für jedes $\mu \in \mathbb{R}$ und jedes $\tilde{\kappa} \in \mathfrak{E}_{\boldsymbol{\mu}}$. ◆

[21] Zu den Definitionen von K, M und τ_1 vgl. ggf. den Beweis von Lemma 1.24 (Seite 30) sowie das Beispiel 1.25 (Seite 32).

In der Situation der Bestandesgrundflächenschätzung per Winkelzählprobe (vgl. Beispiel 3.11) haben wir mit $\mathbf{w}_{B,\alpha}$ gerade kein FES(n)-Stichprobendesign. Deshalb betrachten wir nun allgemeiner, und auch durch einen Blick auf den zugehörigen Horvitz-Thompson-Schätzer motiviert, die Abbildung

$$\varphi_{a,f}: \mathrm{K}(\mathbb{R}\times\mathbb{R}\times\mathbb{N}) \to \mathrm{K}(\mathbb{R})\times\mathbb{N}_0$$
$$s \mapsto \begin{cases} \left(\left\{\frac{f(r,y)}{\mathbf{p}(r,y)} : (r,y,n)\in s\right\}, |s|\right), & \text{falls } s \neq \emptyset \\ (\{a\},0), & \text{sonst} \end{cases}. \tag{3.11}$$

Während wir zuvor Schätzprobleme zu einem nichtadaptiven FES(n)-Stichprobendesign untersuchten, wollen wir uns nun die Eigenschaft der größenproportionalen Auswahl von $\mathbf{w}_{B,\alpha}$ zu Nutze machen.[22] Wir betrachten dazu weiterhin einen interessierenden Parameter κ mit der Darstellungseigenschaft

$$\kappa(G) = \int_{\mathbb{R}\times\mathbb{R}} f \, \mathrm{d}\mu_G \tag{3.1}$$

für $G \in \Delta$ sowie mit einer Maßfamilie $(\mu_G)_{G\in\Delta}$ und einer Abbildung $f \in \bigcap_{G\in\Delta} \mathcal{L}_1(\mu_G)$ und definieren:

3.32 Definition Ein Stichprobendesign $q \in \mathrm{Samp}(\Delta)$ heißt *vom PPS(κ)-Typ* oder *PPS(κ)-Stichprobendesign*[23], falls q vom HT-Typ ist und für f aus (3.1) die Beziehung $f = a\cdot\mathbf{p}$ mit einem $a\in\mathbb{R}$ gilt. ◆

Offensichtlich gilt für ein PPS(κ)-Design

$$\varphi_{a,f} \,\square\, q(G,\cdot)\Big(\big(\{\{a\}\}\times\mathbb{N}_0\big)\Big) = 1$$

für ein $a\in\mathbb{R}$. Ferner ist $\left(\{\{a\}\}\times\mathbb{N}_0, 2^{\{\{a\}\}}\otimes 2^{\mathbb{N}_0}\right) \cong (\mathbb{N}_0, 2^{\mathbb{N}_0})$. Bevor wir nun zur eigentlichen Situation der Bestandesgrundflächenschätzung kommen, überlegen wir uns vorbereitend:

3.33 Lemma Sei $\mathscr{P} \subset \mathrm{Prob}(\mathbb{N}_0, 2^{\mathbb{N}_0})$ ein (unparametrisiertes) Modell mit

$$\mathrm{lin\,span}\,\{\boldsymbol{\delta}_n : n\in I\} = \mathrm{lin\,span}\,\mathscr{P}$$

für ein nichtleeres $I\subset\mathbb{N}_0$, dann ist $\mathscr{P}$ vollständig. ◆

[22] Solche Stichprobendesigns sind dann in der Regel adaptiv.

[23] Die Bezeichnungs- und Abkürzungswahl basiert auf dem in der englischsprachigen Literatur üblichen Namen „probability proportional to size sampling“ (siehe Cassel *et al.*, 1977, Seite 14).

Beweis: Ist $g : \mathbb{N}_0 \to \mathbb{R}$ mit $\int g \, \mathrm{d}P = 0$ für jedes $P \in \mathcal{P}$, so gilt einerseits: Für jedes $n \in I$ existieren $P_1, \ldots, P_k \in \mathcal{P}$ und $a_1, \ldots, a_k \in \mathbb{R}$ so, dass $\boldsymbol{\delta}_n = \sum_{j=1}^k a_j P_j$ ist. Damit haben wir

$$g(n) = \int g \, \mathrm{d}\boldsymbol{\delta}_n = \sum_{j=1}^{k} a_j \underbrace{\int g \, \mathrm{d}P_j}_{=0} = 0.$$

Andererseits ist I^c eine $\mathcal{P}$-Nullmenge. Insgesamt folgt: $g = 0$ $\mathcal{P}$-f. s. ∎

3.34 Satz (Bestandesgrundfläche, Winkelzählprobe) Wir betrachten $\mathrm{R} := [a,b] \times [c,d] \subset \mathbb{R}^2$ als Waldfläche und wählen

$$\Delta := \{G \in \mathfrak{G}_e(\mathrm{R},]0,\infty[) : \overline{\mathrm{K}}_{\rho(y)} \subset \mathrm{R} \ \forall (r,y) \in G\},$$

als Populationsklasse, wobei $\rho(y) := y/(2\sin(\alpha/2))$ für $y \in \mathbb{R}$ und α der Gesichtswinkel der Winkelzählprobe $\mathbf{w}_{\mathrm{B},\alpha}$ sei. Dann gilt:

(i) $\mathbf{w}_{\mathrm{B},\alpha}$ ist ein PPS($\boldsymbol{\beta}$)-Stichprobendesign.

(ii) Für ein $a \in \mathbb{R}$ ist $\varphi_{a,f}$ aus (3.11) vollständig für $\mathbf{w}_{\mathrm{B},\alpha}$. ◆

Beweis: Die PPS($\boldsymbol{\beta}$)-Eigenschaft liegt offensichtlich nach Beispiel 3.11 (Seite 58) vor, so dass wir uns nur (ii) zuwenden. Nach Teil (i) und den Vorbemerkungen ist mit $a := \sin(\alpha/2)$ das Modell $\mathcal{P}' := (\varphi_{a,f} \,\square\, \mathbf{w}_{\mathrm{B},\alpha}(G,\cdot) : G \in \Delta)$ isomorph zu einem Experiment $\mathcal{P}$ auf $(\mathbb{N}_0, 2^{\mathbb{N}_0})$. Für dieses zeigen wir nun $\operatorname{lin\,span}\{\boldsymbol{\delta}_n : n \in \mathbb{N}_0\} = \operatorname{lin\,span} \mathcal{P} =: \mathcal{H}$ durch einen Induktionsschluss. Lemma 3.33 liefert dann die Behauptung.

Für die leere Population gilt offensichtlich $\mathcal{P}(\emptyset) = \boldsymbol{\delta}_0$, so dass wir $\boldsymbol{\delta}_0 \in \mathcal{H}$ haben. Sei nun $G \in \Delta$ mit $|G| = 1$ und bezeichne (r,y) das Populationselement von G, so gilt

$$\mathcal{P}(G) = (1 - \mathbf{p}(r,y))\boldsymbol{\delta}_0 + \mathbf{p}(r,y)\boldsymbol{\delta}_1.$$

Damit und wegen $\boldsymbol{\delta}_0 \in \mathcal{P}$ erhalten wir schließlich $\boldsymbol{\delta}_1 \in \mathcal{H}$. Gehen wir nun von $\boldsymbol{\delta}_n \in \mathcal{H}$ aus, so existieren dann $P_1, \ldots, P_k \in \mathcal{P}$ und $a_1, \ldots, a_k \in \mathbb{R}$ mit $\boldsymbol{\delta}_n = \sum_{j=1}^k a_j P_j$. Danach gibt es ein $j \in \{1, \ldots, k\}$ mit $P_j(\{n\}) > 0$, also auch ein $G \in \Delta$ mit $|G| = n$ und

$$\bigcap_{(r,y) \in G} \overline{\mathrm{K}}_{\rho(y)}(r) \neq \emptyset$$

hat positives $\boldsymbol{\lambda}^2$-Maß. Wähle nun

$$(r', y') \in \bigcap_{(r,y)\in G} \overline{\mathrm{K}}_{\rho(y)}(r) \times]0, \infty[$$

so, dass $\overline{\mathrm{K}}_{\rho(y')}(r') \subset \mathrm{R}$ ist und definiere $G' := G \cup \{(r', y')\}$. Nach Konstruktion ist dann $G' \in \Delta$ und

$$\mathbf{w}_{\mathrm{B},\alpha}\left(G', \bigcap_{(r,y)\in G'} \mathrm{K}_{\{(r,y)\}\times\mathbb{N}}\right) > 0.$$

Damit und mit gewissen $p_1, ... p_n \in [0,1]$ haben wir schließlich

$$\mathscr{P}(G') = \mathbf{w}_{\mathrm{B},\alpha}\left(G', \bigcap_{(r,y)\in G'} \mathrm{K}_{\{(r,y)\}\times\mathbb{N}}\right) \cdot \boldsymbol{\delta}_{n+1} + \sum_{k=1}^{n} p_k \boldsymbol{\delta}_k. \tag{3.12}$$

Nach Induktionsvoraussetzung sind $\boldsymbol{\delta}_1, ..., \boldsymbol{\delta}_n \in \mathscr{H}$, weshalb wir mit (3.12) auch $\boldsymbol{\delta}_{n+1} \in \mathscr{H}$ folgern können. ■

3.35 Beispiel (Bestandesgrundfläche, Winkelzählprobe) In Beispiel 3.11 entwickelten wir den Horvitz-Thompson-Schätzer zu $(\mathbf{w}_{\mathrm{B},\alpha}|_\Delta, \boldsymbol{\beta})$ mit Δ wie in Satz 3.34 als eine messbare Fortsetzung von $\widehat{\beta}(s) = \sin^2(\alpha/2) \cdot |s|$ $(s \in \mathrm{F}(\mathrm{R} \times \mathbb{R} \times \mathbb{N}))$ auf $\mathrm{K}(\mathrm{R} \times]0, \infty[\times \mathbb{N})$. Nach Bemerkung 3.27 und Satz 3.34 ist dann

$$\widehat{\beta}(n) := \sin^2(\alpha/2) \cdot n \qquad (n \in \mathbb{N}_0)$$

der einzige erwartungstreue Schätzer und somit auch optimal erwartungstreu für $(\mathscr{P}, \boldsymbol{\beta})$, wobei $\mathscr{P} := (\varphi_{a,f} \mathbin{\square} \mathbf{w}_{\mathrm{B},\alpha}(G, \cdot) : G \in \Delta)$. ◆

Interessiert man sich bei der Waldinventur nicht für die Bestandesgrundfläche, sondern viel mehr für die durchschnittliche Stammzahl (pro Hektar), so bietet sich eine Flächenstichprobe an, denn:

3.36 Bemerkung und Beispiel (Stammzahl, Flächenstichprobe) Für eine Waldfläche $\mathrm{R} := [a, b] \times [c, d] \subset \mathbb{R}^2$ betrachten wir das Stichprobendesign $\mathbf{w}_{\mathrm{F}}$ für die Parameterwahl $\Delta := \{G \in \mathrm{G}_{\mathrm{e}}(\mathrm{R},]0, \infty[) : \overline{\mathrm{K}}_\rho(r) \subset \mathrm{R}$ für jedes $(r, y) \in G\}$, wobei $\rho > 0$ der Erhebungsradius sei. Ferner sind wir an der durchschnittlichen Stammzahl (pro Hektar)

$$\kappa(G) := \frac{1}{\boldsymbol{\lambda}^2(\mathrm{R})}|G| \qquad (G \in \Delta) \tag{3.13}$$

interessiert. Der Parameter (3.13) besitzt die Integraldarstellung (3.1) mit $f \equiv 1$ und $\mathrm{d}\mu_G := \frac{1}{\lambda^2(\mathrm{R})}\mathbb{1}_G\,\mathrm{d}\zeta$ für $G \in \Delta$. Als Horvitz-Thompson-Schätzer ergibt sich (eine messbare Fortsetzung von)

$$\widehat{\kappa}(s) = \frac{1}{\rho^2\pi} \cdot |s| \quad \text{für } s \in \mathfrak{F}(\mathrm{R} \times \mathbb{R} \times \mathbb{N}).$$

Ferner ist $\mathbf{w}_\mathrm{F}$ ein PPS(κ)-Stichprobendesign und man überlegt sich analog zum Beispiel 3.34 die Vollständigkeit der Abbildung (3.11). Ist $\mathscr{P} := (\varphi_{a,f} \,\square\, \mathbf{w}_\mathrm{F}(G,\cdot) : G \in \Delta)$, so haben wir schließlich $\widehat{\kappa} = \widehat{\alpha} \circ \varphi_{a,f}$ mit

$$\widehat{\alpha}(n) = \frac{1}{\rho^2\pi} \cdot n \quad \text{für } n \in \mathbb{N}_0$$

und damit nach Bemerkung 3.27 einen optimal erwartungstreuen Schätzer für $(\mathscr{P}, \kappa)$. ◆

3.4 Weitere Bemerkungen und Literaturhinweise

Cordy (1993) lieferte den Horvitz-Thompson-Schätzer bereits für die Situation gewisser nichtadaptiver FES(n)-Stichprobendesigns zur Populationsklasse $(\mathfrak{L}(\mathrm{R}), 2^{\mathfrak{L}(\mathrm{R})})$, wobei $\mathrm{R} \subset \mathbb{R}^k$ offen und beschränkt ist.[24] Im weiteren Verlauf des Artikels lockert Cordy (1993, Abschnitt 3, Seite 359) die FES(n)-Bedingung. Er betrachtet dann Stichprobendesigns, nach welchen sich Stichproben von maximal N Populationselementen ergeben.

Der Satz 3.15 (Seite 61) ist eine Verallgemeinerung sowohl der Horvitz-Thompson-Konstruktion für Populationen in endlichen Registern als auch der entsprechenden Konstruktion von Cordy (1993). Er liefert zudem auch einen Blick hinter die „Kulissen“. So erweist sich die Funktion der Inklusionswahrscheinlichkeiten als *eine* Zähldichte der einzelnen Intensitätsmaße.

Gelegentlich interessiert z. B. auch die Varianz

$$\sigma^2_{\widehat{\kappa}}(G) := \int_\mathrm{K} (\widehat{\kappa}(s) - \kappa(G))^2\, q(G, \mathrm{d}s) \quad \text{für } G \in \Delta$$

[24]Zum Beispiel fordert er von den Stichprobendesigns auch direkt, dass $\mathrm{pr}_\mathrm{R} \,\square\, q$ eine λ^k-Dichte besitzt (siehe Cordy, 1993, Abschnitt 2, Seite 354 f).

des Horvitz-Thompson-Schätzers $\widehat{\kappa}$ für einen Parameter κ. Es stellt sich natürlich die Frage, ob und wie die Varianz erwartungstreu geschätzt werden kann? Sei $\xi^{(k)}$ das k-te Produkt eines Punktprozesses ξ, also eine Fortsetzung von

$$\xi^{(k)}(A_1,...,A_k) := \prod_{j=1}^{k} \xi(A_j)$$

für $(A_1,...,A_k) \in \mathcal{B}(\mathrm{R} \times \mathbb{R})^k$, so heißt $\mathbf{M}_\xi^{(k)} := \mathbf{M}_{\xi^{(k)}}$ *Intensitätsmaß k-ter Ordnung von ξ* (siehe Daley & Vere-Jones, 2008, Seite 66). Kann man dann mit ähnlichen Voraussetzungen wie die von Satz 3.15, der entsprechenden Bezeichnungskonvention (vgl. Einleitung von Abschnitt 3.2, Seite 60) sowie mit der Verwendung von $\mathbf{M}_G^{(2)}$-Dichten einen erwartungstreuen Varianzschätzer für $(q, \sigma_{\widehat{\kappa}}^2)$ konstruieren?

In Anlehnung an Satz 3.34, Beispiel 3.35 sowie Bemerkung und Beispiel 3.36 stellt sich auch die Frage: Wie lässt sich eine entsprechende Vollständigkeitsaussage für PPS(κ)-Stichprobendesigns allgemein formulieren? Welche Bedingungen müssen wir an die Populationsklasse $(\Delta, \mathcal{F})$ stellen? Ist womöglich für jedes Stichprobendesign $q \in \mathrm{Samp}(\Delta, \mathcal{F})$ die Abbildung[25]

$$\begin{array}{rcl} \varphi_{a,f}: \mathrm{K}(\mathrm{R} \times \mathbb{R} \times \mathbb{N}) & \to & \mathrm{K}(\mathbb{R}) \times \mathbb{N}_0 \\ s & \mapsto & \begin{cases} \left(\{f(r,y) \cdot h(r,y) : (r,y,n) \in s\}, |s|\right), & \text{falls } s \neq \emptyset \\ (\{a\}, 0), & \text{sonst} \end{cases} \end{array}$$

unter einer gewissen Reichhaltigkeitsforderung an $(\Delta, \mathcal{F})$ vollständig?

Auf der Suche nach UMV-Schätzern betrachten Cassel *et al.* (1977, Seite 71 f.) gewisse „geordnete Stichprobendesigns" (vgl. Fußnote 31 auf Seite 36), d. h. Verteilungen Q auf $\mathfrak{S}^* := \{s \in \mathrm{R}^k : k \in \mathbb{N}\}$, wobei hier und im Folgenden $\mathrm{R} := \{1,...,N\}$ sei. Darüber hinaus setzten die Autoren für den betreffenden Abschnitt noch folgende Eigenschaften voraus:

(i) $Q(\mathrm{R}_{\neq}^n) = 1$,

(ii) $Q\left(\{(r_1,...,r_n)\}\right) = Q\left(\{(r_{p(1)},...,r_{p(n)})\}\right)$ für jede Permutation $p \in \mathrm{P}_n$

(iii) $Q(\bigcup_{k=1}^n \mathrm{pr}_k^{-1}(j)) > 0$ für $j = 1,...,N$.

[25] Wie im Satz 3.15 (Seite 61) sei hierbei $h \in \bigcap_{G \in \Delta} \frac{\mathrm{d}\mu_G}{\mathrm{d}\mathbf{M}_G}$.

Diese „geordneten Stichprobendesigns“ lassen sich mit denen in Lemma 3.28 betrachteten nichtadaptiven FES(n)-Stichprobendesigns vom Horvitz-Thompson-Typ nun in bestimmter Weise identifizieren. Für jedes $Q \in \operatorname{Prob}(\mathfrak{S}^*)$ mit (i)–(iii) existiert ein nichtadaptives FES(n)-Stichprobendesign vom HT-Typ $q \in \operatorname{Samp}(\mathbb{R}^N)$ (und umgekehrt), so dass

$$\mathbb{Q}_Q := \left((\mathbf{id}_{\mathbb{R}^n}, G^{\otimes n}) \,\square\, Q : G \in \mathbb{R}^N\right)$$

isomorph zu q ist (vgl. hierzu auch den Beweis von Lemma 1.24 auf Seite 30). Seien ferner

$$M^*\big((u,g),\cdot\big) := \boldsymbol{\delta}_{\left(\frac{g_1}{\mathbf{p}(u_1,g_1)},\dots,\frac{g_n}{\mathbf{p}(u_n,g_n)}\right)} \quad \text{für } (u,g) \in \mathrm{R}^n \times \mathbb{R}^n,$$

$T(p,\cdot)$ die Permutationsabbildung zu $p \in \mathrm{P}_n$, $\varphi_\uparrow$ die Ordnungsstatistik aus Beispiel B.26 (Seite 110) und

$$K^*(F,\cdot) := \boldsymbol{\delta}_{T(p,\varphi_\uparrow(F))} \quad \text{für } F \in \mathrm{F}_n^*(\mathbb{R}).$$

Außerdem verwenden wir im Folgenden

$$\begin{array}{cccc} \widehat{\mathrm{t}}: & \mathbb{R}^n & \to & \mathbb{R} \\ & (z_1,\dots,z_n) & \to & \sum_{i=1}^n z_i \end{array}$$

sowie

$$Z_G(r) := \frac{G(r)}{\mathbf{p}(r, G(r))} \quad \text{für } r \in \mathrm{R}, G \in \mathbb{R}^N.$$

Zudem sei $\mathfrak{X} := (Z_G{}^{\otimes n} \,\square\, Q : G \in \Delta)$. Es lässt sich dann, ähnlich wie im Fall des n-maligen unabhängigen Ziehens, die Totalwertschätzung durch das folgende kommutative Diagramm veranschaulichen[26]:

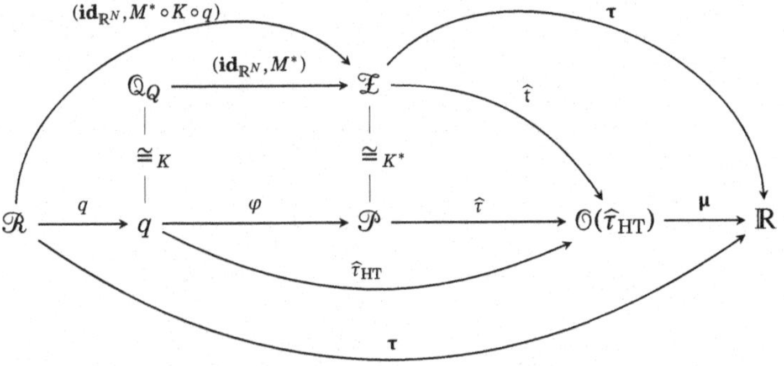

[26]Hierbei ist φ die in (3.10) (Seite 74) formulierte Abbildung und $\mathcal{P} := (\varphi \,\square\, q(G,\cdot) : G \in \mathbb{R}^N)$. Ferner ist $\widehat{\tau}$ der in Beispiel 3.29 (Seite 74) betrachtete Schätzer.

Die Aussage von Cassel *et al.* (1977, Theorem 3.9, Seite 74) betrifft den oberen rechten Diagrammteil, während wir in Beispiel 3.29 lediglich die Transformationskette

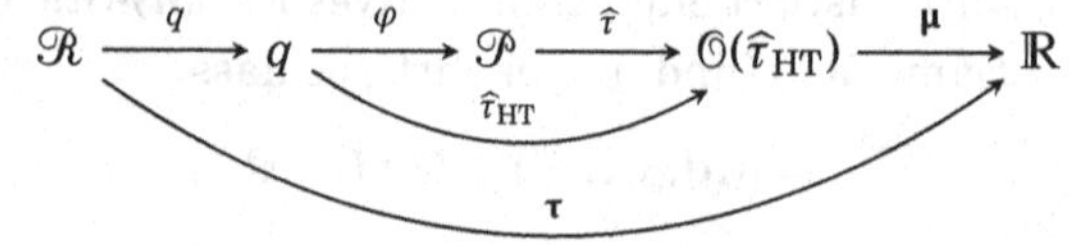

betrachten. Genauer gesagt wird in (Cassel *et al.*, 1977) wieder eine ganze Reihe von Schätzproblemen abgehandelt, wobei mit einem $H \in \mathbb{R}^N$ statt Z_G allgemein

$$Z_{G,H}(r) := \frac{G(r) - H(r)}{\mathbf{p}(r, G(r))} \quad \text{für } r \in \mathrm{R}$$

und statt $\widehat{\tau}$ allgemein $\widehat{\tau}_H := \widehat{\tau} + \boldsymbol{\tau}(H)$ betrachtet wird. Und während für $(\mathcal{P}, \boldsymbol{\tau})$ abgesehen von Abänderungen auf $\mathcal{P}$-Nullmengen exakt ein *deterministischer* erwartungstreuer Schätzer existiert, nämlich $\widehat{\tau}$, und dieser dann natürlich optimal erwartungstreu ist, sind im sequentiellen Fall $(\mathcal{X}, \boldsymbol{\tau})$ mehrere *deterministische* erwartungstreue Schätzer vorhanden. Eine Optimalitätsaussage verdient anscheinend auch erst dann den Namen.

Jedoch gibt es für $(\mathcal{P}, \boldsymbol{\tau})$ neben $\widehat{\tau}$ noch andere erwartungstreue Schätzer, wenngleich diese dann *echt randomisiert* sind.[27] Man nehme z. B. $\boldsymbol{\delta}_{\widehat{\kappa}} \circ K^*$, wobei $\widehat{\kappa}$ ein erwartungstreuer Schätzer für $(\mathcal{X}, \boldsymbol{\tau})$ sei.

[27] Ein randomisiertes Schätzverfahren δ heißt *erwartungstreu* für das Schätzproblem $(\mathcal{P}, \kappa)$, falls $\int \int \mathbf{id}_{\mathbb{R}} \, \mathrm{d}\delta(x, \cdot) P_\vartheta(\mathrm{d}x) = \kappa(\vartheta)$ für $\vartheta \in \Theta$ gilt (vgl. Definition 3.1 auf Seite 51 für deterministische Schätzverfahren).

A Mengentheoretische Grundlagen

Wir klären hier einige mengentheoretische Grundlagen zur Topologie in einer etwas knappen Form, während dabei die Theorie der metrischen Räume als bekannt vorausgesetzt wird. Zugehörige Aspekte zur Maßtheorie ergänzen diese Ausführungen.

Nummeriert werden einige Definitionen, Aussagen und Beispiele, um auf diese später und im Hauptteil der Arbeit zurückgreifen zu können. Für die Beweise der Aussagen werden wir auf entsprechende Ausführungen in der Literatur verweisen oder auf deren Grundlage Modifikationen und vermisste Details ergänzen bzw. begründen.

Wir stellen zunächst elementare Bezeichnungen und Notationen sicher und steigern dabei den Umfang der Ausführungen in Abhängigkeit zu ihrer Relevanz. Beginnen wollen wir mit Bezeichnungen und Notationen zu einem der zentralsten Begriffe der Mathematik, nämlich dem der Funktion.

A.1 Definition Eine Teilmenge $F \subset \mathfrak{X} \times \mathfrak{Y}$ heißt *Funktion* in $\mathfrak{X} \times \mathfrak{Y}$, falls $(x,y),(x,z) \in F$ bereits $y = z$ impliziert. Ferner heißen $\mathrm{dom}(F) := \{x \in \mathfrak{X} : \exists y \in \mathfrak{Y} \text{ mit } (x,y) \in F\}$ der *Definitionsbereich* und $\mathrm{ran}(F) := \{y \in \mathfrak{Y} : \exists x \in \mathfrak{X} \text{ mit } (x,y) \in F\}$ der *Wertebereich* von F. ◆

Eine Funktion nennt man häufig auch *Abbildung.* Ist (x,y) ein Element einer Funktion $F \subset \mathfrak{X} \times \mathfrak{Y}$, so heißt x *Argument* und y *Funktionswert* von x. Für y schreibt man deshalb entsprechend $F(x)$. Ferner notiert man F meist in der Form $F : \mathrm{dom}(F) \to \mathfrak{Y},\ x \mapsto F(x)$ und spricht dann von der Funktion F von $\mathrm{dom}(F)$ nach $\mathfrak{Y}$. Eine weitere gebräuchliche Schreibweise ist $(F(x))_{x \in \mathrm{dom}(F)}$ bzw. $(F(x) : x \in \mathrm{dom}(F))$. In dieser Form nennt man dann eine Funktion auch *Familie*.

Im Zusammenhang mit metrischen Räumen formen sich zum Teil auf anschauliche Weise viele Begriffe und Bezeichnungen, welche jedoch lediglich auf dem Konzept einer offenen Menge beruhen. Häufig implizieren auch viele andere Metriken dasselbe System offener Mengen, so dass eben dieses und nicht so sehr die Metrik(en) im Vordergrund einer Untersuchung steht. Dieses Mengensystem der offenen Mengen hat dabei die Eigenschaft, dass es unter beliebigen Vereinigungen und endlichen Schnitten abgeschlossen ist, womit wir letztlich zum Begriff eines topologischen Raumes gelangen.

Auf einer beliebigen Menge $\mathfrak{X}$ heißt ein Mengensystem[1] $\mathcal{T} \subset 2^{\mathfrak{X}}$ *Topologie*, falls es $\emptyset$ und $\mathfrak{X}$ enthält und abgeschlossen ist unter beliebigen Vereinigungen sowie unter endlichen Schnitten. Ein Teilsystem $\mathcal{T}_0 \subset \mathcal{T}$ derart, dass jedes $U \in \mathcal{T}$ Vereinigung von Mengen aus $\mathcal{T}_0$ ist, heißt *Basis* von $\mathcal{T}$. Dagegen heißt $\mathcal{T}_0$ *Subbasis* von $\mathcal{T}$, falls lediglich $\{\bigcap \mathcal{F} : \mathcal{F} \subset \mathcal{T}_0, |\mathcal{F}| < \infty\}$ eine Basis von $\mathcal{T}$ bildet. Der Begriff der Subbasis wird jedoch mit einem natürlicheren Auftritt in Verbindung gebracht. Dazu überlege man sich, dass ein Schnitt von Topologien wieder eine Topologie ist. Ferner betrachte man für ein beliebiges Mengensystem $\mathcal{T}_0 \subset 2^{\mathfrak{X}}$ die hiervon *erzeugte Topologie*

$$\tau(\mathcal{T}_0) := \bigcap \{\mathcal{T} : \mathcal{T}_0 \subset \mathcal{T},\ \mathcal{T} \text{ Topologie}\},$$

also die kleinste Topologie, welche $\mathcal{T}_0$ enthält.[2] Für $\tau(\mathcal{T}_0)$ ist dann $\mathcal{T}_0$ eine Subbasis.

Das Paar $(\mathfrak{X}, \mathcal{T})$ nennt man einen *topologischen Raum,* während Mengen aus $\mathcal{T}$ *offen* und deren Komplemente *abgeschlossen* heißen. Darüber hinaus bezeichnet man eine Menge $K \subset \mathfrak{X}$ als *kompakt,* falls jedes System $\mathcal{U} \subset \mathcal{T}$ mit $K \subset \bigcup \mathcal{U}$ ein endliches Teilsystem $\mathcal{U}_0 \subset \mathcal{U}$ enthält mit $K \subset \bigcup \mathcal{U}_0$.

Mit dem System aller in einem metrischen Raum $(\mathfrak{X}, d)$ offenen Mengen ist eine Topologie auf $\mathfrak{X}$ gegeben. Diese *kanonische Topologie*, man sagt auch die *von der Metrik d erzeugte Topologie*, bezeichnen wir mit $\mathcal{T}_d$. Ferner ist die Definition kompakter Mengen in $(\mathfrak{X}, \mathcal{T}_d)$ konsistent mit dem Begriff der *Folgenkompaktheit*, so dass sich dabei die Kompaktheit einer Menge offensichtlich durch Folgen charakterisieren lässt.

In metrischen Räumen sind Folgen das typische und nützliche Hilfsmittel zur Beschreibung etwa der genannten topologischen Eigenschaften wie die Kompaktheit, Abgeschlossenheit oder Offenheit einer Menge. Dabei

[1] Im Folgenden bezeichnet $2^{\mathfrak{X}} := \{A : A \subset \mathfrak{X}\}$ die *Potenzmenge* von $\mathfrak{X}$.

[2] Alternativ spricht man auch von der gröbsten Topologie, die $\mathcal{T}_0$ enthält. Beide Bezeichnungen sind deshalb sinnvoll, da $\tau(\mathcal{T}_0)$ tatsächlich kleinstes Element in der geordneten Mengen $(\{\mathcal{T} : \mathcal{T}_0 \subset \mathcal{T},\ \mathcal{T} \text{ Topologie}\}, \subset)$ ist.

arbeitet man mit dem Konzept der Konvergenz einer Folge, welches auf den Fall eines topologischen Raumes wie folgt verallgemeinert werden kann. Eine Folge $(x_n)_{n\in\mathbb{N}} \in \mathfrak{X}^{\mathbb{N}}$ heißt *konvergent* in dem topologischen Raum $(\mathfrak{X}, \mathcal{T})$ gegen $x_0 \in \mathfrak{X}$, falls für jedes $U \in \mathcal{T}$ mit $x_0 \in U$ ein $N_U \in \mathbb{N}$ existiert, so dass $x_n \in U$ für alle $n \geq N_U$ gilt.

Das Studium stetiger Funktionen zwischen metrischen Räumen lässt sich bekanntlich auf eine Untersuchung von Urbildern offener Mengen reduzieren. In der Konsequenz definieren wir nun allgemeiner: Seien $(\mathfrak{X}, \mathcal{T})$ und $(\mathfrak{Y}, \mathcal{S})$ zwei topologische Räume, so heißt eine Funktion $f : \mathfrak{X} \to \mathfrak{Y}$ *stetig*, falls jedes Urbild $f^{-1}(U)$ einer offenen Menge $U \in \mathcal{S}$ offen in $(\mathfrak{X}, \mathcal{T})$ ist. Seien $(\mathfrak{X}, \mathcal{T})$, $(\mathfrak{Y}, \mathcal{S})$ zwei topologische Räume, so nennt man eine bijektive, stetige Abbildung $f : \mathfrak{X} \to \mathfrak{Y}$ mit stetiger Umkehrfunktion f^{-1} *Homöomorphismus*. Im Fall der Existenz einer solchen Abbildung heißen $(\mathfrak{X}, \mathcal{T})$ und $(\mathfrak{Y}, \mathcal{S})$ *homöomorph zueinander* oder *topologisch äquivalent*.

Seien nun mit $(\mathfrak{Y}_\iota, \mathcal{S}_\iota)$ topologische Räume sowie mit $f_\iota : \mathfrak{X} \to \mathfrak{Y}_\iota$ Funktionen für $\iota \in I$ gegeben, so heißt $\tau(f_\iota : \iota \in I) := \tau(\bigcup f_\iota^{-1}(\mathcal{S}_\iota) : \iota \in I)$ die *Initialtopologie* bzgl. $(f_\iota)_{\iota\in I}$. Es handelt sich dabei offensichtlich um die kleinste Topologie, so dass die Funktionen f_ι für $\iota \in I$ allesamt stetig sind. Eine spezielle Initialtopologie ist die *Produkttopologie* $\mathcal{T} \otimes \mathcal{S} := \tau(\mathrm{pr}_{\mathfrak{X}}, \mathrm{pr}_{\mathfrak{Y}})$, wobei $\mathrm{pr}_{\mathfrak{X}} : \mathfrak{X} \times \mathfrak{Y} \to \mathfrak{X}$ mit $\mathrm{pr}_{\mathfrak{X}}(x,y) := x$ für $(x,y) \in \mathfrak{X} \times \mathfrak{Y}$ die *(Koordinaten-)Projektion* auf $\mathfrak{X}$ sei. Entsprechendes gelte für $\mathrm{pr}_{\mathfrak{Y}}$.[3] [4]

Weniger die offenen, als vielmehr die abgeschlossenen und kompakten Mengen eines topologischen Raumes $(\mathfrak{X}, \mathcal{T})$ werden unsere Aufmerksamkeit verstärkt erhalten, indem wir diese Mengensysteme selbst als Grundraum betrachten. Für das System aller abgeschlossenen bzw. kompakten Mengen verwenden wir daher einen Frakturbuchstaben als Bezeichnung, nämlich

$$\mathfrak{A} := \{A \subset \mathfrak{X} : A^c \in \mathcal{T}\}, \quad \text{bzw.} \quad \mathfrak{K} := \{K \subset \mathfrak{X} : K \text{ kompakt}\}. \qquad \text{(A.1)}$$

Statt $\mathfrak{A}$ bzw. $\mathfrak{K}$ schreiben wir gegebenenfalls ausführlicher $\mathfrak{A}(\mathfrak{X})$ bzw. $\mathfrak{K}(\mathfrak{X})$ um den zugehörigen Grundraum zu betonen, oder noch ausführlicher $\mathfrak{A}(\mathfrak{X}, \mathcal{T})$ bzw. $\mathfrak{K}(\mathfrak{X}, \mathcal{T})$. Für eine beliebige Teilmenge $M \subset \mathfrak{X}$ bezeichnen wir

[3] Allgemein verstehen wir unter einer *Projektion* eine idempotente Abbildung $\mathrm{pr} : \mathfrak{X} \to \mathfrak{X}$, d. h. es gelte $\mathrm{pr} \circ \mathrm{pr} = \mathrm{pr}$. In der Regel ist dabei $M := \mathrm{pr}(\mathfrak{X})$ bekannt, so dass man dann auch von einer Projektion auf M spricht und dafür pr_M schreibt.

[4] Für jedes $y_0 \in \mathfrak{Y}$ ist $(\mathfrak{X} \times \{y_0\}, \mathcal{T} \otimes 2^{\{y_0\}})$ topologisch äquivalent zu $(\mathfrak{X}, \mathcal{T})$. Daher lässt sich $\mathrm{pr}_{\mathfrak{X}}$ als idempotente Abbildung in $\mathfrak{X} \times \mathfrak{Y}$ auffassen, woraus sich schließlich die Notation $\mathrm{pr}_{\mathfrak{X}}$ und die Namensgebung „(Koordinaten-)Projektion“ erklären.

mit $\overline{M} := \bigcap\{A \in \mathfrak{A} : M \subset A\}$ den *Abschluss* von M und betrachten offensichtlich mit $M \mapsto \overline{M}$ eine Projektion in $2^{\mathfrak{X}}$ auf $\mathfrak{A}$. Dagegen ist das *Innere* von M als $M^\circ := \bigcup\{U \in \mathcal{T} : U \subset M\}$ definiert und entsprechend als Projektion in $2^{\mathfrak{X}}$ auf $\mathcal{T}$ interpretierbar.

A.1 Klassen topologischer Räume

Der Begriff eines topologischen Raumes ist einerseits strukturell hinreichend, um Konzepte etwa das der Stetigkeit einer Funktion oder das der Konvergenz einer Folge betrachten zu können. Andererseits ist der Begriff einer Topologie derart allgemein, dass Limiten einer konvergenten Folge nun nicht mehr eindeutig sein müssen.

A.2 Beispiel Sei $\mathfrak{X}$ eine Menge mit $|\mathfrak{X}| \geq 2$, dann ist $(\mathfrak{X}, \{\emptyset, \mathfrak{X}\})$ ein topologischer Raum, in dem jede Folge $(x_n)_{n \in \mathbb{N}}$ gegen jedes $x \in \mathfrak{X}$ konvergiert. ◆

Wünschenswert sind also auch Zusatzstrukturen, die ein solches Übel verhindern. Fordern wir etwa ein Trennungsaxiom, welches zu je zwei voneinander verschiedenen Punkten $x, y \in \mathfrak{X}$ die Existenz disjunkter, offener Umgebungen sicherstellt, so erhalten wir damit zumindest die gewünschte Eindeutigkeit von Limiten. Einen topologischen Raum mit dieser Trennungseigenschaft nennt man dann *Hausdorff-Raum*, oder kurz *Hausdorff'sch* bzw. *separiert*.

Offensichtlich ist jeder metrische Raum $(\mathfrak{X}, d)$ ein Hausdorff-Raum, denn: Zu $x, y \in \mathfrak{X}$ $x \neq y$ haben wir mit den offenen Kreisscheiben[5] $K_\delta(x)$ und $K_\delta(y)$ für eine Wahl $0 < \delta < {}^{d(x,y)}\!/_2$ zwei disjunkte offene Umgebungen.

Wie man sich leicht überlegt, sind abgeschlossene Teilmengen einer kompakten Menge selbst kompakt. Ferner liefert ein sehr bekannter Beweis[6], dass kompakte Mengen in Hausdorff-Räumen abgeschlossen sind. Damit erhalten wir letztlich für die Mengensysteme in (A.1) die folgende Beziehung.

A.3 Lemma Sei $(\mathfrak{X}, \mathcal{T})$ ein Hausdorff-Raum, so gilt $\mathfrak{K}(\mathfrak{X}) \subset \mathfrak{A}(\mathfrak{X})$. Dabei ist $\mathfrak{K}(\mathfrak{X}) = \mathfrak{A}(\mathfrak{X})$ genau dann, wenn $(\mathfrak{X}, \mathcal{T})$ zusätzlich kompakt ist. ◆

---

[5]In einem metrischen Raum $(\mathfrak{X}, d)$ bezeichnet $K_\delta(x) := \{y \in \mathfrak{X} : d(x,y) < \delta\}$ die *offene Kreisscheibe* oder *δ-Umgebung*.

[6]Siehe z. B. Hewitt & Stromberg (1975, Theorem 6.38, Seite 64).

Einige Hausdorff-Topologien stammen tatsächlich von einer oder gleich mehreren Metriken. In einem solchen Fall spricht man dann von einer *metrisierbaren* (Hausdorff-)Topologie. Eine besondere Klasse von topologischen Räumen sind dabei die *polnischen Räume*[7], bei denen die Topologie von einer vollständigen Metrik stammt und eine abzählbare Basis besitzt.

Bekanntlich sind kompakte metrische Räume vollständig. Hierzu ergänzen wir, dass die dabei von der Metrik erzeugte Topologie auch eine abzählbare Basis besitzt und somit also gerade auch polnisch ist.

A.4 Lemma In kompakten metrischen Räumen existiert eine abzählbare Basis. ◆

Beweis: Sei $(\mathfrak{X}, d)$ ein metrischer Raum. Für jedes $n \in \mathbb{N}$ ist $\mathfrak{O}_n := \{K_{1/n}(x) : x \in \mathfrak{X}\}$ eine offene Überdeckung von $\mathfrak{X}$, zu der nach Voraussetzung eine endliche Teilüberdeckung $\mathfrak{O}_n^*$ existiert. Dann ist $\mathfrak{O}^* := \bigcup_{n \in \mathbb{N}} \mathfrak{O}_n^*$ ein abzählbares System offener Mengen. Zur Basiseigenschaft von $\mathfrak{O}^*$ zeigen wir nun für jedes $V \in \mathcal{T}_d$ die Gleichheit

$$V = \bigcup_{\substack{U \in \mathfrak{O}^* \\ U \subset V}} U.$$

Dabei ist $\supset$ klar und wir überlegen uns nur $\subset$. Sei $x \in V$, so existiert ein $n \in \mathbb{N}$, für welches $K_{1/n}(x) \subset V$ gilt. Wegen der Überdeckungseigenschaft des Systems $\mathfrak{O}_{2n}^*$ existiert ferner ein $y \in \mathfrak{X}$ derart, so dass $K_{1/2n}(y) \in \mathfrak{O}_{2n}^*$ und $x \in K_{1/2n}(y)$ ist. Sei nun $z \in K_{1/2n}(y)$ beliebig, so gilt

$$d(x,z) \leq d(x,y) + d(y,z) < \frac{1}{n},$$

also auch $K_{1/2n}(y) \subset V$. ■

Nicht selten betrachtet man Hausdorff-Räume $(\mathfrak{X}, \mathcal{T})$, die zwar selbst nicht kompakt sind, bei denen jedoch jeder Punkt $x \in \mathfrak{X}$ eine kompakte Umgebung besitzt. Sie weisen dementsprechend eine lokale Kompaktheitsstruktur auf, weshalb man diese *lokalkompakte* Hausdorff-Räume nennt. Lokalkompakte Hausdorff-Räume mit abzählbarer Basis, im Folgenden schreiben wir kurz LKHA-Räume, bilden für unsere Zwecke im Hauptteil einerseits eine ausreichend allgemeine Klasse. Sie weisen andererseits eine hinreichend starke Struktur auf.

[7] Laut einer Bemerkung von Bauer (1992) wurde diese Namensgebung zu Ehren der polnischen Topologen von Nicolas Bourbaki eingeführt.

A.5 Lemma LKHA-Räume sind polnisch. ◆

Beweis: Siehe z. B. Bauer (1992, Bemerkung 5, Seite 214). ■

In der Zusammenfassung können wir für die hier betrachteten Klassen topologischer Räume die folgende Kette von Klasseninklusionen schreiben:

$$\left\{\begin{array}{c}\text{„kompakte}\\\text{metrische}\\\text{Räume“}\end{array}\right\} \subset \left\{\begin{array}{c}\text{„LKHA-}\\\text{Räume“}\end{array}\right\} \subset \left\{\begin{array}{c}\text{„polnische}\\\text{Räume“}\end{array}\right\} \subset \left\{\begin{array}{c}\text{„metrische}\\\text{Räume“}\end{array}\right\} \subset \left\{\begin{array}{c}\text{„Hausdorff-}\\\text{Räume“}\end{array}\right\}.$$

Wir überlegen uns nun, dass einige dieser Klassen topologischer Räume unter der Produktbildung abgeschlossen sind.

A.6 Lemma Das Produkt zweier (lokalkompakter) Hausdorff-Räume ist wieder ein (lokalkompakter) Hausdorff-Raum. ◆

Beweis: Produkte kompakter Mengen sind kompakt, endliche Produkte offener Mengen sind offen. Damit ergibt sich aufgrund der geforderten Eigenschaft(en) der Komponentenräume die Behauptung. ■

A.7 Lemma Das Produkt zweier topologischer Räume, welche jeweils eine abzählbare Basis haben, besitzt wieder eine abzählbare Basis. ◆

Beweis: Seien zu den topologischen Räume $(\mathfrak{X},\mathcal{T})$, $(\mathfrak{Y},\mathcal{S})$ mit $\mathcal{U}_1$, $\mathcal{U}_2$ die abzählbaren Basen bezeichnet, so ist $\mathcal{D} := \{U_1 \times U_2 : U_1 \in \mathcal{U}_1,\ U_2 \in \mathcal{U}_2\}$ eine Subbasis von $\mathcal{T} \otimes \mathcal{S}$, denn: Für $U \in \mathcal{T}$ und $V \in \mathcal{S}$ existieren $\mathfrak{O}_1 \subset \mathcal{U}_1$ und $\mathfrak{O}_2 \subset \mathcal{U}_2$, so dass $U = \bigcup \mathfrak{O}_1$ und $V = \bigcup \mathfrak{O}_2$, also auch

$$U \times V = \bigcup_{\substack{O_1 \in \mathfrak{O}_1 \\ O_2 \in \mathfrak{O}_2}} O_1 \times O_2 \tag{A.2}$$

gilt. Damit ist dann

$$\{U \times V : U \in \mathcal{T},\ V \in \mathcal{S}\} \subset \tau(\mathcal{D}), \tag{A.3}$$

also $\mathcal{T} \otimes \mathcal{S} = \tau(\mathcal{D})$. Schließlich haben wir mit $\mathcal{D}^* := \{\bigcap \mathcal{G} : \mathcal{G} \subset \mathcal{D},\ |\mathcal{G}| < \infty\}$ eine Basis von $\mathcal{T} \otimes \mathcal{S}$, die abzählbar ist. ■

Aus den beiden zuvor notierten Lemmata erhalten wir in direkter Konsequenz:

A.8 Korollar Das Produkt endlich vieler LKHA-Räume ist wieder ein LKHA-Raum. ◆

Gelegentlich brauchen wir die Gewissheit, dass Eigenschaften von dem zugrundeliegenden topologischen Raum sich auch auf einen Teilraum übertragen.

A.9 Lemma Seien $(\mathfrak{X},\mathcal{T})$ ein polnischer Raum und $U \subset \mathfrak{X}$ offen oder abgeschlossen, so ist auch $(U,\mathcal{T}\cap U)$ polnisch. ◆

Beweis: Siehe z. B. Bauer (1992, Beispiele 3 und 4, Seite 179). ■

A.10 Lemma Seien $(\mathfrak{X},\mathcal{T})$ ein lokalkompakter Hausdorff-Raum und $U \subset \mathfrak{X}$ offen oder abgeschlossen, so ist $(U,\mathcal{T}\cap U)$ lokalkompakt. ◆

Beweis: Siehe z. B. Schubert (1964, Satz 2, Seite 66 f.). ■

Wir ergänzen noch eine Ausschöpfungseigenschaft von LKHA-Räumen. Wir bezeichnen dabei eine Teilmenge M eines Hausdorff-Raumes $\mathfrak{X}$ als *relativ kompakt*, falls der Abschluss $\overline{M}$ kompakt ist.

A.11 Lemma In einem LKHA-Raum $(\mathfrak{X},\mathcal{T})$ gibt es für jede offene Menge G eine Folge $(G_k)_{k\in\mathbb{N}}$ von offenen, relativ kompakten Mengen mit $\overline{G_k} \subset G_{k+1}$ und $\bigcup_{k\in\mathbb{N}} G_k = G$. ◆

Beweis: Für den Fall $G = \mathfrak{X}$ siehe Schneider & Weil (2000, Satz 2.1.1 (b), Seite 35). Die Behauptung für ein beliebiges, offenes $G \subset \mathfrak{X}$ ergibt sich schließlich dadurch, dass nach Lemma A.9 und Lemma A.10 $(G,\mathcal{T}\cap G)$ wieder ein LKHA-Raum ist und jede in $(G,\mathcal{T}\cap G)$ kompakte Menge auch in $(\mathfrak{X},\mathcal{T})$ kompakt ist. ■

A.2 Hyperräume und Hypertopologien

Mengenwertige Zufallsgrößen bzw. Verteilungen auf Mengensystemen sind für die Statistik von entscheidender Bedeutung. Wir untersuchen dazu vorbereitend entsprechende topologische Strukturen auf Mengen wie $\mathfrak{A}(\mathfrak{X})$ und $\mathfrak{K}(\mathfrak{X})$, die gelegentlich *Hyperräume* genannt werden. Die darauf betrachteten Topologien heißen *Hypertopologien.*[8]

Naheliegenderweise wird man auf $\mathfrak{A}(\mathfrak{X})$ bzw. $\mathfrak{K}(\mathfrak{X})$ häufig mit mengentheoretischen Operationen arbeiten und dabei von diesen gewisse Stetigkeitseigenschaften nutzen wollen. Gesucht sind also Topologien auf den

[8]Die Namen sind direkte Übersetzungen der in der englischsprachigen Literatur verwendeten Begriffe „hyperspace“ bzw. „hypertopology“.

genannten Hyperräumen derart, dass gewisse kanonische Abbildungen wie die Vereinigungs- oder Schnittbildung von Mengen (halb-)stetig[9] sind.

Eine solche Topologie werden wir nun auf $\mathfrak{F}$ per Subbasis angeben und verwenden dabei für ein beliebiges $B \subset \mathfrak{X}$ die Mengenbezeichnungen $\mathfrak{F}_B := \{F \in \mathfrak{F} : F \cap B \neq \emptyset\}$ und $\mathfrak{F}^B := \{F \in \mathfrak{F} : F \cap B = \emptyset\}$.

A.12 Definition Die Topologie auf $\mathfrak{F}(\mathfrak{X})$, die von der Subbasis

$$\{\mathfrak{F}^K, \mathfrak{F}_G : K \text{ kompakt}, \ G \text{ offen}\}$$

erzeugt wird, heißt *Fell-Topologie* und wird mit $\mathcal{T}_{\mathbf{F}}$ bezeichnet.[10] ◆

A.13 Bemerkung Mit der Bezeichnung $\mathfrak{F}_1 := \{\{x\} : x \in \mathfrak{X}\}$ betrachten wir die kanonische Abbildung

$$\begin{array}{rccc} \varphi : & (\mathfrak{X}, \mathcal{T}) & \to & (\mathfrak{F}_1(\mathfrak{X}), \mathcal{T}_{\mathbf{F}} \cap \mathfrak{F}_1) \\ & x & \mapsto & \{x\} \end{array}, \tag{A.4}$$

welche offensichtlich bijektiv ist. Dabei ist sowohl φ als auch φ^{-1} stetig. Hierfür überlegt man sich

$$\varphi^{-1}\Big(\big\{\{x\} : \{x\} \cap G \neq \emptyset\big\}\Big) = G \in \mathcal{T}, \quad \varphi^{-1}\Big(\big\{\{x\} : \{x\} \cap K = \emptyset\big\}\Big) = K^c \in \mathcal{T}$$

für $G \in \mathcal{T}$ und $K \in \mathfrak{K}(\mathfrak{X})$. Ferner erzeugen die Mengen $\big\{\{x\} \in \mathfrak{F}_1 : \{x\} \cap G \neq \emptyset\big\}$ für $G \in \mathcal{T}$ und $\big\{\{x\} \in \mathfrak{F}_1 : \{x\} \cap K = \emptyset\big\}$ für $K \in \mathfrak{K}(\mathfrak{X})$ die Topologie $\mathcal{T}_{\mathbf{F}} \cap \mathfrak{F}_1$.[11] Umgekehrt ist für ein offenes G

$$\left(\varphi^{-1}\right)^{-1}(G) = \big\{\{x\} \in \mathfrak{F}_1 : \{x\} \cap G \neq \emptyset\big\} \in \mathcal{T}_{\mathbf{F}} \cap \mathfrak{F}_1.$$

Insofern sind $(\mathfrak{X}, \mathcal{T})$ und $(\mathfrak{F}_1, \mathcal{T}_{\mathbf{F}} \cap \mathfrak{F}_1)$ topologisch äquivalent. ◆

[9] Seien $(\mathfrak{X}, \mathcal{T})$, $(\mathfrak{Y}, \mathcal{S})$ topologische Räume mit abzählbarer Basis und $\varphi : \mathfrak{Y} \to \mathfrak{F}(\mathfrak{X})$ eine Abbildung. Wir definieren analog zum Fall einer reellwertigen Funktion einer reellen Veränderlichen: φ heißt *nach oben halbstetig*, falls $\limsup_{n\to\infty} \varphi(y_n) \subset \varphi(y)$ für alle $y_n, y \in \mathfrak{Y}$ mit $y_n \to y$ $(n \to \infty)$ gilt. Weiter heißt φ *nach unten halbstetig*, falls $\liminf_{n\to\infty} \varphi(y_n) \supset \varphi(y)$ für alle $y_n, y \in \mathfrak{Y}$ mit $y_n \to y$ $(n \to \infty)$ gilt. Wir werden zu diesem Konzept keine weiteren Ausführen machen und verweisen stattdessen auf Schneider & Weil (2000, Seite 11 f.) bzw. auf Molchanov (2005b, Seite 409 f.).

[10] Die Topologie $\mathcal{T}_{\mathbf{F}}$ hat in der vorwiegend englischsprachigen Literatur viele Namen, wie „topology of closed convergence", „H-topology" oder „Choquet-Matheron topology". Sie gehört zu der Klasse der „hit-and-miss"-Topologien, wobei diese Bezeichnung sich auf die Subbasis bezieht. Die besteht bei der Fell-Topologie genau aus den Mengen von Teilmengen, die offene Mengen „treffen" oder kompakte Mengen „verfehlen".

[11] Dies ergibt sich leicht aus der Beziehung $\tau(\mathcal{G} \cap \mathfrak{X}_0) = \tau(\mathcal{G}) \cap \mathfrak{X}_0$, wobei $\mathcal{G} \subset 2^{\mathfrak{X}}$ eine Subbasis und $\mathfrak{X}_0 \subset \mathfrak{X}$ eine Spur sei.

In Abhängigkeit von der Struktur des Grundraums $(\mathfrak{X},\mathcal{T})$ lässt sich über $(\mathfrak{F}(\mathfrak{X}),\mathcal{T}_\mathbf{F})$ folgendes sagen:

A.14 Satz (i) Ist $(\mathfrak{X},\mathcal{T})$ Hausdorff'sch, so ist $\mathfrak{F}(\mathfrak{X})$ kompakt bzgl. $\mathcal{T}_\mathbf{F}$, mit anderen Worten $\mathfrak{F}(\mathfrak{X}) \in \mathfrak{K}(\mathfrak{F}(\mathfrak{X}),\mathcal{T}_\mathbf{F})$.

(ii) Ist $(\mathfrak{X},\mathcal{T})$ ein lokalkompakter Hausdorff-Raum, so ist $(\mathfrak{F}(\mathfrak{X}),\mathcal{T}_\mathbf{F})$ ein kompakter Hausdorff-Raum. ◆

Beweis: Beer (1993) zitiert nach Molchanov (2005b), Theorem B.2 (ii), Seite 399. ■

A.15 Satz Ist $(\mathfrak{X},\mathcal{T})$ ein LKHA-Raum, so ist $(\mathfrak{F}(\mathfrak{X}),\mathcal{T}_\mathbf{F})$ ein kompakter, metrisierbarer topologischer Raum. ◆

Beweis: Zunächst zeigt Ogura (2007) für LKHA-Räume, dass $\mathcal{T}_\mathbf{F}$ metrisierbar ist. Dies und Satz A.14 (ii) liefern, dass $(\mathfrak{F}(\mathfrak{X}),\mathcal{T}_\mathbf{F})$ ein kompakter metrischer Raum ist. ■

Zur Charakterisierung der Konvergenz in $(\mathfrak{F}(\mathfrak{X}),\mathcal{T}_\mathbf{F})$ notieren wir:

A.16 Satz Sei $(\mathfrak{X},\mathcal{T})$ ein LKHA-Raum und seien $F, F_n \in \mathfrak{F}(\mathfrak{X})$ für $n \in \mathbb{N}$, dann sind die folgenden Aussagen äquivalent:

(i) $F_n \to F$ für $n \to \infty$.

(ii) Es gelten die beiden Aussagen:

(a) Für $G \in \mathcal{T}$ und $F \cap G \neq \emptyset$ folgt $F_n \cap G \neq \emptyset$ für alle $n \geq N$ mit N hinreichend groß.

(b) Für $K \in \mathfrak{K}(\mathfrak{X})$ und $F \cap K = \emptyset$ folgt $F_n \cap K = \emptyset$ für alle $n \geq N$ mit N hinreichend groß. ◆

(iii) Es gelten die beiden Aussagen:

(a') Für jedes $x \in F$ existieren Elemente $x_n \in F_n$ (bis auf endliche viele n) mit $x_n \to x$ für $n \to \infty$.

(b') Für jede Teilfolge $(F_{n_k})_{k\in\mathbb{N}}$ und jede konvergente Folge $(x_{n_k})_{k\in\mathbb{N}}$ mit $x_{n_k} \in F_{n_k}$ gilt $\lim_{k\to\infty} x_{n_k} \in F$. ◆

Beweis: Siehe Schneider & Weil (2000, Satz 1.1.2, Seite 9) für den Fall $(\mathfrak{X},\mathcal{T}) = (\mathbb{R}^n,\mathcal{T}_{\|\cdot\|})$. Der Beweis funktioniert auch in allgemeinen LKHA-Räumen. ■

Eine Hypertopologie auf dem System der kompakten Mengen eines Hausdorff-Raumes ist bereits durch die Spur-Topologie $\mathcal{T}_\mathbf{F} \cap \mathrm{K}$ gegeben. Für diese bemerken wir als Ergänzung zu Satz A.16:

A.17 Bemerkung Ist $(\mathfrak{X},\mathcal{T})$ ein LKHA-Raum, so liefern die Überlegungen im Beweis von Schneider & Weil (2000, Satz 1.1.2, Seite 9) dieselben Äquivalenzen aus Satz A.16 für Folgen in $(\mathrm{K}(\mathfrak{X}),\mathcal{T}_\mathbf{F} \cap \mathrm{K})$. ◆

Statt $\mathcal{T}_\mathbf{F} \cap \mathrm{K}$ betrachtet man gelegentlich jedoch ebenfalls die folgende feinere Topologie:

A.18 Definition Für die auf $\mathrm{K}(\mathfrak{X})$ von der Subbasis[12]

$$\left\{\mathrm{K}^A,\ \mathrm{K}_G : A \text{ abgeschlossen}, G \text{ offen}\right\}$$

erzeugte Topologie schreiben wir formal $\mathcal{T}_\mathbf{p}$ und nennen diese *primitive Topologie*[13]. ◆

A.19 Satz Sei $(\mathfrak{X},\mathcal{T})$ ein lokalkompakter Hausdorff-Raum, dann ist auch $(\mathrm{K}(\mathfrak{X}),\mathcal{T}_\mathbf{p})$ lokalkompakt. ◆

Beweis: Matheron (1975) nach Molchanov (2005b, Theorem C.2 (iii), Seite 403). ■

A.20 Satz Sei $(\mathfrak{X},\mathcal{T})$ ein LKHA-Raum, so ist auch $(\mathrm{K}(\mathfrak{X}),\mathcal{T}_\mathbf{F} \cap \mathrm{K})$ ein LKHA-Raum. ◆

Beweis: Nach Satz A.19 ist $(\mathrm{K}(\mathfrak{X}),\mathcal{T}_\mathbf{p})$ lokalkompakt, also ebenso mit der gröberen Topologie $\mathcal{T}_\mathbf{F} \cap \mathrm{K}$. Diese Spur-Topologie ist dann auch Hausdorff'sch und hat eine abzählbare Basis. ■

---

[12] Entsprechend der obigen Bezeichnung ist hier: $\mathrm{K}_B := \{F \in \mathrm{K} : F \cap B \neq \emptyset\}$ und $\mathrm{K}^B := \{F \in \mathrm{K} : F \cap B = \emptyset\}$.

[13] Der hier gewählte Name orientiert sich sinngemäß an den englischen Bezeichnungen „myopic" bzw. „narrow topology".

A.3 Hyper-σ-Algebren

Die oben betrachtete Fell-Topologie liefert mit der Borel-σ-Algebra $\mathcal{B}(\mathfrak{F}, \mathcal{T}_{\mathbf{F}})$ eine naheliegende Wahl für eine σ-Algebra auf $\mathfrak{F}(\mathfrak{X})$. Für den Fall eines polnischen Raumes betrachtete Effros (1965) die σ-Algebra $\mathcal{E}(\mathfrak{X}) := \sigma(\{\mathfrak{F}_G : G \in \mathcal{T}\})$, die deshalb auch *Effros-σ-Algebra* heißt. Entsprechend messbare Zufallsgrößen werden seit jeher *Effros-messbar* genannt.

Im Fall eines LKHA-Raumes $(\mathfrak{X}, \mathcal{T})$ fallen die beiden genannten σ-Algebren zusammen. Die Effros-σ-Algebra ist dann eine Borel-σ-Algebra, die von einer polnischen Topologie erzeugt wird.[14] Wir halten diese Aussage in dem nachstehenden Satz fest und notieren zugleich verschiedene Erzeuger von $\mathcal{E}(\mathfrak{X})$. Später nutzen wir diese bei Messbarkeitsbeweisen.

A.21 Satz Ist $(\mathfrak{X}, \mathcal{T})$ ein LKHA-Raum, so sind $\{\mathfrak{F}_K : K \in \mathfrak{K}(\mathfrak{X})\}$, $\{\mathfrak{F}^K : K \in \mathfrak{K}(\mathfrak{X})\}$, $\{\mathfrak{F}^G : G \in \mathcal{T}\}$ und $\mathcal{T}_{\mathbf{F}}$ jeweils Erzeuger der Effros-σ-Algebra $\mathcal{E}(\mathfrak{X})$. ◆

Beweis: Molchanov (2005b, Theorem 2.7 (ii), Seite 29) liefert bereits $\mathcal{B}(\mathfrak{F}, \mathcal{T}_{\mathbf{F}}) = \mathcal{E}(\mathfrak{X})$. Aufgrund der Definition der Fell-Topologie sowie der Abgeschlossenheit einer σ-Algebra bzgl. der Komplementbildung ist dann ferner für jedes kompakte $K \subset \mathfrak{X}$ die Menge $\{A \in \mathfrak{F}(\mathfrak{X}) : A \cap K \neq \emptyset\}$ messbar bzgl. $\mathcal{E}(\mathfrak{X})$. Damit folgt zunächst $\sigma(\{\mathfrak{F}_K : K \in \mathfrak{K}(\mathfrak{X})\}) \subset \mathcal{E}(\mathfrak{X})$. Um nun die $\mathcal{E}(\mathfrak{X})$-Erzeugereigenschaft von $\{\mathfrak{F}_K : K \in \mathfrak{K}(\mathfrak{X})\}$ zu zeigen, verwenden wir die Approximierbarkeit offener Mengen G durch kompakte Mengen. Sei also $G \in \mathcal{T}$ beliebig und sei hierfür $(K_n)_{n\in\mathbb{N}}$ eine nach Lemma A.11 existierende Folge kompakter Mengen mit $G = \bigcup_{n\in\mathbb{N}} K_n$, so gilt

$$\{A \in \mathfrak{F}(\mathfrak{X}) : A \cap G \neq \emptyset\} = \bigcup_{n\in\mathbb{N}} \{A \in \mathfrak{F}(\mathfrak{X}) : A \cap K_n \neq \emptyset\},$$

womit wir schließlich $\{\mathfrak{F}_G : G \in \mathcal{T}\} \subset \sigma(\{\mathfrak{F}_K : K \in \mathfrak{K}(\mathfrak{X})\})$ erhalten. Nach Definition der Effros-σ-Algebra ist somit $\mathcal{E}(\mathfrak{X}) \subset \sigma(\{\mathfrak{F}_K : K \in \mathfrak{K}(\mathfrak{X})\})$.

Ferner gilt $\{\mathfrak{F}^K : K \in \mathfrak{K}(\mathfrak{X})\} \subset \sigma(\{\mathfrak{F}_K : K \in \mathfrak{K}(\mathfrak{X})\})$ und $\{\mathfrak{F}_K : K \in \mathfrak{K}(\mathfrak{X})\} \subset \sigma(\{\mathfrak{F}^K : K \in \mathfrak{K}(\mathfrak{X})\})$, also $\sigma(\{\mathfrak{F}^K : K \in \mathfrak{K}(\mathfrak{X})\}) = \sigma(\{\mathfrak{F}_K : K \in \mathfrak{K}(\mathfrak{X})\})$. Analog erhält man dann auch $\sigma(\{\mathfrak{F}^G : G \in \mathcal{T}\}) = \mathcal{E}(\mathfrak{X})$. ■

Betrachten wir einen LKHA-Raum $(\mathfrak{X}, \mathcal{T})$ und auf dem Raum der kompakten Mengen $\mathfrak{K}(\mathfrak{X})$ die Spur-σ-Algebra $\mathcal{E}_{\mathfrak{K}}(\mathfrak{X}) := \mathcal{E}(\mathfrak{X}) \cap \mathfrak{K}(\mathfrak{X})$, so erhalten

[14] Allgemein nennt man einen Borel'schen Messraum $(\mathfrak{X}, \sigma(\mathcal{T}))$ *polnisch*, wenn dessen σ-Algebra von einer polnischen Topologie $\mathcal{T}$ erzeugt wird.

wir damit einen polnischen Messraum, wie es dem nachstehenden Satz zu entnehmen ist.[15]

A.22 Satz Sei $(\mathfrak{X},\mathcal{T})$ ein LKHA-Raum, so sind $\{\mathfrak{K}_G : G \in \mathcal{T}\}$, $\{\mathfrak{K}^G : G \in \mathcal{T}\}$, $\{\mathfrak{K}_A : A \in \mathfrak{A}\}$, $\{\mathfrak{K}^A : A \in \mathfrak{A}\}$, $\{\mathfrak{K}_K : K \in \mathfrak{K}\}$, $\{\mathfrak{K}^K : K \in \mathfrak{K}\}$, $\mathcal{T}_{\mathbf{F}} \cap \mathfrak{K}$ und $\mathcal{T}_{\mathbf{p}}$ Erzeuger von $\mathcal{E}_{\mathfrak{K}}(\mathfrak{X})$. ◆

Beweis: Molchanov (2005b, Theorem C.5 (iii), Seite 403 f.) liefert zunächst die Gleichheit

$$\sigma\big(\{\mathfrak{K}_G : G \in \mathcal{T}\}\big) = \sigma\big(\{\mathfrak{K}^A : A \in \mathfrak{A}\}\big) = \sigma(\mathcal{T}_{\mathbf{p}}). \tag{A.5}$$

Für den Erzeuger der Fell-Topologie $\mathcal{G} := \{\mathfrak{A}^K,\ \mathfrak{A}_G : K \text{ kompakt}, G \text{ offen}\}$ gilt darüber hinaus $\sigma(\mathcal{G} \cap \mathfrak{K}) = \sigma\big(\tau(\mathcal{G} \cap \mathfrak{K})\big) = \sigma(\mathcal{T}_{\mathbf{p}})$, wegen (A.5) und

$$\sigma\big(\{\mathfrak{K}_G : G \in \mathcal{T}\}\big) \subset \sigma(\mathcal{G} \cap \mathfrak{K}) \subset \sigma\big(\tau(\mathcal{G} \cap \mathfrak{K})\big) \subset \sigma(\mathcal{T}_{\mathbf{p}}).$$

Wir erhalten dann mit der Vorbemerkung

$$\mathcal{E}_{\mathfrak{K}}(\mathfrak{X}) = \mathcal{E}(\mathfrak{X}) \cap \mathfrak{K} = \sigma\big(\tau(\mathcal{G}) \cap \mathfrak{K}\big) = \sigma\big(\tau(\mathcal{G} \cap \mathfrak{K})\big).$$

Ferner erhalten wir wegen $\{\mathfrak{K}_A : A \in \mathfrak{A}\} \subset \sigma(\{\mathfrak{K}^A : A \in \mathfrak{A}\})$ und $\{\mathfrak{K}^A : A \in \mathfrak{A}\} \subset \sigma(\{\mathfrak{K}_A : A \in \mathfrak{A}\})$ die Gleichheit $\sigma(\{\mathfrak{K}_A : A \in \mathfrak{A}\}) = \sigma(\{\mathfrak{K}^A : A \in \mathfrak{A}\})$. Analog ergibt sich $\sigma(\{\mathfrak{K}_G : G \in \mathcal{T}\}) = \sigma(\{\mathfrak{K}^G : G \in \mathcal{T}\})$. Wie im Beweis von Lemma A.21 liefert die Approximierbarkeit offener Mengen durch kompakte die Erzeugereigenschaft von $\{\mathfrak{K}_K : K \in \mathfrak{K}\}$ und $\{\mathfrak{K}^K : K \in \mathfrak{K}\}$. ■

Da wir des Öfteren bei Zufallsgrößen uns im Wertebereich auf das Bild der Zufallsgröße einschränken oder zu einem anderen geeigneten Teilraum übergehen wollen, notieren wir abschließend noch die folgende einfache maßtheoretische Überlegung (ohne Beweis).

A.23 Lemma Seien $(\mathfrak{X},\mathcal{A})$, $(\mathfrak{Y},\mathcal{B})$ Messräume, dann gilt: $f : (\mathfrak{X},\mathcal{A}) \to (\mathfrak{Y},\mathcal{B})$ ist messbar mit $f(\mathfrak{X}) \subset \mathfrak{Y}_0 \in \mathcal{B}$ genau dann, wenn $\mathcal{B} \cap \mathfrak{Y}_0 \subset \mathcal{B}$ gilt und $f : (\mathfrak{X},\mathcal{A}) \to (\mathfrak{Y}_0,\mathcal{B} \cap \mathfrak{Y}_0)$ messbar ist. ◆

Vor diesem Hintergrund werden wir nun noch die Messbarkeit gewisser Teilmengen von $\mathfrak{A}(\mathfrak{X})$ zeigen, so dass wir damit für die Betrachtung von gewissen Klassen zufälliger Mengen vorbereitet sind. Die Messbarkeit einiger (mengentheoretischer) Operationen und Abbildungen erfolgt dann im nächsten Abschnitt im Zusammenhang mit den zufälligen Mengen.

[15] Für den Beweis erinnern wir an die Beziehungen $\sigma(\mathcal{D} \cap \mathfrak{X}_0) = \sigma(\mathcal{D}) \cap \mathfrak{X}_0$ und $\tau(\mathcal{D} \cap \mathfrak{X}_0) = \tau(\mathcal{D}) \cap \mathfrak{X}_0$, wobei $\mathcal{D} \subset 2^{\mathfrak{X}}$ ein Mengensystem und $\mathfrak{X}_0 \subset \mathfrak{X}$ eine Spur sei.

A.24 Lemma Sei $(\mathfrak{X},\mathcal{T})$ ein LKHA-Raum oder ein kompakter Hausdorff-Raum, so ist $\mathfrak{K}(\mathfrak{X}) := \{K \in \mathfrak{A}(\mathfrak{X}) : K \text{ kompakt}\}$ eine $\mathscr{E}(\mathfrak{X})$−messbare Menge.◆

Beweis: Nach Satz A.11 existiert für einen LKHA-Raum eine Folge $(G_k)_{k\in\mathbb{N}}$ offener, relativ kompakter Mengen mit $\overline{G_k} \subset G_{k+1}$ und $\mathfrak{X} = \bigcup_{k\in\mathbb{N}} G_k$. Für jedes $K \in \mathfrak{K}(\mathfrak{X})$ existiert dann ein $k \in \mathbb{N}$, so dass $K \subset G_k$ gilt. Damit haben wir schließlich

$$\mathfrak{K}(\mathfrak{X}) = \bigcup_{k\in\mathbb{N}} \underbrace{\{F \in \mathfrak{A}(\mathfrak{X}) : F \subset \overline{G_k}\}}_{=\left\{F\in\mathfrak{A}(\mathfrak{X}):F\cap\left(\overline{G_k}\right)^{c}=\emptyset\right\}\in\mathscr{E}(\mathfrak{X})} \in \mathscr{E}(\mathfrak{X}).$$

Für den Fall eines kompakten Hausdorff-Raumes $(\mathfrak{X},\mathcal{T})$ können wir ganz bequem mit Lemma A.3, wonach $\mathfrak{K}(\mathfrak{X}) = \mathfrak{A}(\mathfrak{X}) \in \mathscr{E}(\mathfrak{X})$ ist, eine Begründung liefern. ■

Eine für die Behandlung von Punktprozessen wichtige Teilklasse von Mengen aus $\mathfrak{A}(\mathfrak{X})$ eines LKHA-Raumes $(\mathfrak{X},\mathcal{T})$ besteht aus jenen, die keine Häufungspunkte haben. Eine solche Menge nennt man *lokalendlich*. Wir schreiben $\mathfrak{A}_{\text{le}} := \mathfrak{A}_{\text{le}}(\mathfrak{X}) := \mathfrak{A}_{\text{le}}(\mathfrak{X},\mathcal{T})$ für die Gesamtheit aller lokalendlichen Teilmengen in $(\mathfrak{X},\mathcal{T})$. Ferner definieren wir noch $\mathfrak{F}_n := \mathfrak{F}_n(\mathfrak{X}) := \{A \in \mathfrak{A}(\mathfrak{X}) : |A| \leq n\}$ und $\mathfrak{F} := \mathfrak{F}(\mathfrak{X}) := \{A \in \mathfrak{A}(\mathfrak{X}) : |A| < \infty\}$

A.25 Lemma Sei $(\mathfrak{X},\mathcal{T})$ ein LKHA-Raum, dann ist $\mathfrak{A}_{\text{le}}(\mathfrak{X}) \subset \mathfrak{A}(\mathfrak{X})$,

$$\mathfrak{A}_{\text{le}}(\mathfrak{X}) = \{A \subset \mathfrak{X} : |A \cap K| < \infty \text{ für jedes } K \subset \mathfrak{X} \text{ kompakt}\}$$

und $\mathfrak{A}_{\text{le}}(\mathfrak{X}), \mathfrak{F}$ sowie $\mathfrak{F}_n$ sind $\mathscr{E}(\mathfrak{X})$-messbare Mengen. ◆

Beweis: Die Mengeninklusion $\mathfrak{A}_{\text{le}}(\mathfrak{X}) \subset \mathfrak{A}(\mathfrak{X})$ gilt offensichtlich[16] [17]. Zur Mengenbeschreibung: Hat $A \subset \mathfrak{X}$ einen Häufungspunkt und wählt man eine kompakte Umgebung K um diesen, so ist letztlich $|A \cap K| \not< \infty$. Damit gilt also $\supset$. Sei nun $A \subset \mathfrak{X}$ mit $|A \cap K| \not< \infty$ für ein $K \in \mathfrak{K}(\mathfrak{X})$, so existiert eine Folge $(x_n)_{n\in\mathbb{N}} \in (A \cap K)^{\mathbb{N}}$ mit paarweisen verschiedenen Folgegliedern, die aufgrund der Kompaktheit von K dann auch eine konvergente Teilfolge besitzt. Damit hat A einen Häufungspunkt, also gilt $\subset$.

Zur Messbarkeit der Mengen $\mathfrak{A}_{\text{le}}$, $\mathfrak{F}$ und $\mathfrak{F}_n$: Nach dem Satz A.11 existiert eine Folge $(G_k)_{k\in\mathbb{N}}$ von offenen, relativ kompakten Mengen mit $G_k \uparrow \mathfrak{X}$

[16] Nach Satz A.5 ist $(\mathfrak{X},\mathcal{T})$ als polnischer Raum insbesondere metrisierbar.

[17] In einem metrischen Raum gilt $\overline{M} = M \cup \mathrm{H}(M)$, wobei $\mathrm{H}(M)$ für die Menge der Häufungspunkte von M in $(\mathfrak{X},\mathcal{T})$ steht.

für $k \to \infty$ und so, dass jede kompakte Menge in einem G_k enthalten ist. Wir zeigen zunächst die Abgeschlossenheit der Mengen $M_{k,m} := \{A \in \mathfrak{A} : |A \cap G_k| \leq m\}$ in (dem nach Satz A.15 metrisierbaren topologischen Raum) $(\mathfrak{A}(\mathfrak{X}), \mathcal{T}_{\mathbf{F}})$.

Sei $F \in \mathfrak{A}(\mathfrak{X})$ und $(F_n)_{n \in \mathbb{N}}$ eine konvergente Folge in $M_{k,m}$ mit $F_n \to F$ für $n \to \infty$. Angenommen $|F \cap G_k| > m$, dann existieren paarweise verschiedene $x_1, \ldots, x_{m+1} \in F \cap G_k$ und ein $\varepsilon > 0$, so dass die ε-Umgebungen $\mathrm{K}_\varepsilon(x_j)$ für $j = 1, \ldots, m+1$ paarweise disjunkt sind. Wegen $F \cap \mathrm{K}_\varepsilon(x_j) \neq \emptyset$ für jedes j, existiert nach Satz A.16 ein $N_{\varepsilon,j} \in \mathbb{N}$, so dass auch $F_n \cap \mathrm{K}_\varepsilon(x_j) \neq \emptyset$ für jedes $n \geq N_{\varepsilon,j}$ gilt. Damit haben wir aber $F_n \notin M_{k,m}$ für $n \geq \max_{1 \leq j \leq m+1} N_{\varepsilon,j}$, also einen Widerspruch.

Somit muss $|F \cap G_k| \leq m$, also $F \in M_{k,m}$ gelten. Demzufolge ist $M_{k,m}$ abgeschlossen und insbesondere messbar bzgl. der Borel-σ-Algebra $\mathscr{B}(\mathfrak{X})$. Schließlich gilt

$$\begin{aligned} \mathfrak{A}_{\mathrm{le}}(\mathfrak{X}) &= \bigcap_{k \in \mathbb{N}} \bigcup_{m \in \mathbb{N}} M_{k,m} \\ \mathsf{F}_n(\mathfrak{X}) &= \bigcap_{k \in \mathbb{N}} M_{k,n}. \end{aligned}$$

Bei der ersten Identität berücksichtige man, dass jede kompakte Menge in einem G_k enthalten ist, sowie den ersten Teil des Beweises. Schließlich gilt auch $\mathsf{F} = \bigcup_{n \in \mathbb{N}} \mathsf{F}_n$. ■

A.26 Lemma Seien $(\mathfrak{X}, \mathcal{T})$, $(\mathfrak{Y}, \mathcal{S})$ LKHA-Räume, dann ist $\mathsf{G}_{\mathrm{e}}(\mathfrak{X}, \mathfrak{Y}) := \{G \subset \mathfrak{X} \times \mathfrak{Y} : |G| < \infty, G \text{ Funktion}\}$ eine $\mathscr{B}_{\mathrm{K}}(\mathfrak{X} \times \mathfrak{Y})$-messbare Menge. ◆

Beweis: Für den Beweis sei hier eine ε-Umgebung in $\mathfrak{X}$ bzw. $\mathfrak{Y}$ bzgl. einer Metrik zu verstehen, die $\mathcal{T}$ bzw. $\mathcal{S}$ erzeugt. Ferner definieren wir für ein $\varepsilon > 0$ und ein $x \in \mathfrak{X}$ die Menge

$$M_{\varepsilon,x} := \{G \in \mathsf{F}(\mathfrak{X} \times \mathfrak{Y}) : |G \cap \mathrm{K}_\varepsilon(x) \times \mathfrak{Y}| \leq 1\}.$$

Wie im Beweis zu Satz A.25 überlegt man sich deren Abgeschlossenheit in $(\mathfrak{A}, \mathcal{T}_{\mathbf{F}})$. Sei $\mathfrak{X}_0 \subset \mathfrak{X}$ abzählbar und dicht in $\mathfrak{X}$, so gilt dann

$$\mathsf{G}_{\mathrm{e}}(\mathfrak{X}, \mathfrak{Y}) = \bigcup_{n \in \mathbb{N}} \bigcap_{x \in \mathfrak{X}_0} M_{1/n, x},$$

also $\mathsf{G}_{\mathrm{e}}(\mathfrak{X}, \mathfrak{Y}) \in \mathscr{B}(\mathfrak{X} \times \mathfrak{Y})$. Außerdem ist $\mathsf{G}_{\mathrm{e}}(\mathfrak{X}, \mathfrak{Y}) \subset \mathsf{K}(\mathfrak{X} \times \mathfrak{Y})$, also $\mathsf{G}_{\mathrm{e}}(\mathfrak{X}, \mathfrak{Y}) \in \mathscr{B}_{\mathrm{K}}(\mathfrak{X} \times \mathfrak{Y})$. ■

B Stochastische Geometrie

In diesem Abschnitt sollen grundlegende Definitionen und Ergebnisse aus der stochastischen Geometrie bereitgestellt werden. Zu diesem Zweck werden wir regelmäßig auf Standardwerke wie Kallenberg (1983), Stoyan, Kendall & Mecke (1987), Schneider & Weil (2000), Molchanov (2005b) sowie Daley & Vere-Jones (2008) verweisen und nur davon abweichende bzw. zusätzliche Überlegungen näher ausführen.

B.1 Zufällige Mengen

Die Vorstellung von einer zufälligen Menge entspricht geradewegs der einer mengenwertigen Zufallsgröße. Wir geben uns für den gesamten Abschnitt mit $(\mathfrak{X},\mathcal{T})$ einen LKHA-Raum und untersuchen in der Tat messbare Abbildungen

$$S:(\Omega,\mathcal{F},P)\to(\mathfrak{S},\mathcal{S})$$

von einem Wahrscheinlichkeitsraum $(\Omega,\mathcal{F},P)$ in einen Messraum $(\mathfrak{S},\mathcal{S})$, wobei $\mathfrak{S}\subset 2^{\mathfrak{X}}$. Die Wahl des Mengensystems $\mathfrak{S}$ als Grundraum ist unterdessen keineswegs trivial. Sie orientiert sich in etwa an dem Wunsch, auch zufällige Mengen mit einer atomfreien Verteilung auf $(\mathfrak{S},\mathcal{S})$ betrachten zu können.

Den Ergebnissen des Abschnitts A zufolge bietet sich insofern das System aller abgeschlossenen Mengen $\mathfrak{A}(\mathfrak{X})$ bzw. auch das der kompakten Mengen $\mathfrak{K}(\mathfrak{X})$ an. Auf ihnen können wir polnische Topologien betrachten, also entsprechend auch polnische Borel-σ-Algebren. In der Konsequenz drängt sich die folgende Definition auf:

B.1 Definition Eine Zufallsgröße in den Messraum $(\mathfrak{A}(\mathfrak{X}),\mathscr{E}(\mathfrak{X}))$ heißt *zufällige abgeschlossene Menge* in $\mathfrak{X}$. Entsprechend verstehen wir unter einer *zufälligen kompakten Menge* in $\mathfrak{X}$ eine $(\mathfrak{K}(\mathfrak{X}),\mathscr{E}_K(\mathfrak{X}))$–wertige Zufallsgröße.◆

Tatsächlich kann man auch auf anderen Mengensysteme, wie die Topologie $\mathcal{T}$, sinnvolle topologische oder messbare Strukturen einführen. Eine $\mathcal{T}$-wertige Zufallsgröße trägt dann den Namen *zufällige offene Menge*. Die Theorie der zufälligen Mengen behandelt jedoch üblicherweise die zufälligen abgeschlossenen Mengen, da sich in diese Klasse die $\mathfrak{X}$-wertigen Zufallsgrößen durch den Homöomorphismus aus Bemerkung A.13 in kanonischer Weise einbetten lassen. Die zufälligen abgeschlossenen Mengen in $\mathfrak{X}$ „umfassen" und verallgemeinern insofern die $\mathfrak{X}$-wertigen Zufallsgrößen.

B.2 Bemerkung Einer Bemerkung von Molchanov (2005a) zur Folge waren George Matheron die Arbeiten von Effros vermutlich unbekannt. Matheron (1975), zitiert nach Molchanov (2005a), definierte eine Abbildung $S : \Omega \to \mathfrak{F}(\mathfrak{X})$ auf einem Wahrscheinlichkeitsraum $(\Omega, \mathcal{F}, P)$ als zufällige abgeschlossene Menge, falls $\{S \cap K \neq \emptyset\} \in \mathcal{F}$ für jedes $K \subset \mathfrak{X}$ kompakt gilt. Nach Satz A.21 ist dies äquivalent zu der hier formulierten Definition.

Des Weiteren ist in der klassischen Literatur wie Scheider & Weil (2000) und Molchanov (2005b) eine zufällige kompakte Menge als eine messbare Abbildung $S : (\Omega, \mathcal{F}, P) \to (\mathfrak{F}(\mathfrak{X}), \mathcal{E}(\mathfrak{X}))$ mit $S \in \mathfrak{K}(\mathfrak{X})$ fast sicher definiert. Für eine solche finden wir jedoch nach Lemma A.23 und A.24 stets ein Zufallsgröße $S^* : (\Omega, \mathcal{F}, P) \to (\mathfrak{K}(\mathfrak{X}), \mathcal{E}_{\mathfrak{K}}(\mathfrak{X}))$ mit $S^* = S$ P-fast sicher. ◆

Naheliegenderweise wird man auf zufälligen abgeschlossenen bzw. kompakten Mengen auch mengentheoretischen Operationen anwenden wollen, um so Ereignisse oder neue Zufallsgrößen zu konstruieren. Entsprechend bedeutsam sind die folgenden Messbarkeitsaussagen.

B.3 Satz Seien $S, S_1, S_2, \ldots$ zufällige abgeschlossene Mengen in $\mathfrak{X}$, so sind auch

(i) die abgeschlossene konvexe Hülle $\overline{\mathrm{co}(S)}$,

(ii) der Abschluss des Komplements sowie des Inneren $\overline{S^c}$, $\overline{S^\circ}$,

(iii) der Rand ∂S,

(iv) die Vereinigung $S_1 \cup S_2$ sowie der Schnitt $S_1 \cap S_2$,

(v) der abzählbare Schnitt $\bigcap_{n \in \mathbb{N}} S_n$,

(vi) der Abschluss der abzählbaren Vereinigung $\overline{\bigcup_{n \in \mathbb{N}} S_n}$,

(vii) $\limsup_{n \to \infty} S_n$ sowie $\liminf_{n \to \infty} S_n$

zufällige abgeschlossene Mengen in $\mathfrak{X}$. Ist S eine zufällige abgeschlossene (kompakte) Menge in $\mathfrak{X}$, $(\mathfrak{Y}, \mathcal{S})$ ein weiterer LKHA-Raum und T eine zufällige abgeschlossene (kompakte) Menge in $\mathfrak{Y}$, dann ist $S \times T$ eine zufällige abgeschlossene (kompakte) Menge in $(\mathfrak{X} \times \mathfrak{Y}, \mathcal{T} \otimes \mathcal{S})$. ◆

Beweis: Für (i) bis (vii) siehe Molchanov (2005b, Theorem 2.25, Seite 37). Der Zusatz ergibt sich mit den abzählbaren Basen $\mathcal{U}$, $\mathcal{V}$ für $\mathcal{T}$ bzw. $\mathcal{S}$, der Subbasis $\mathcal{D} := \{U \times V : U \in \mathcal{U}, V \in \mathcal{V}\}$ für $\mathcal{T} \otimes \mathcal{S}$ sowie

$$\begin{aligned}\{(A,B) \in \mathfrak{F}(\mathfrak{X}) \times \mathfrak{F}(\mathfrak{Y}) \ &: \ A \times B \cap U \times V \neq \emptyset\} \\ &= \{A \in \mathfrak{F}(\mathfrak{X}) : A \cap U \neq \emptyset\} \times \{B \in \mathfrak{F}(\mathfrak{Y}) : B \cap V \neq \emptyset\} \\ &\in \mathscr{E}(\mathfrak{X}) \otimes \mathscr{E}(\mathfrak{Y}).\end{aligned}$$

Mit zufälligen kompakten Mengen S, T, d. h. $S \in \mathfrak{K}(\mathfrak{X})$ und $T \in \mathfrak{K}(\mathfrak{Y})$ fast sicher, ist dann auch $S \times T$ fast sicher kompakt in $\mathfrak{X} \times \mathfrak{Y}$. ■

Viele wichtige Beispiele von zufälligen abgeschlossenen Mengen basieren auch auf folgendem Lemma:

B.4 Lemma (Stetige Bilder) Seien $(\mathfrak{X}, \mathcal{T}), (\mathfrak{Y}, \mathcal{S})$ LKHA-Räume, $f : \mathfrak{X} \to \mathfrak{Y}$ stetig und $A \in \mathfrak{F}(\mathfrak{Y})$, dann ist

$$\begin{aligned} T_{f,A} : (\mathfrak{F}(\mathfrak{X}), \mathscr{E}(\mathfrak{X})) \ &\to \ (\mathfrak{F}(\mathfrak{Y}), \mathscr{E}(\mathfrak{Y})) \\ s \ &\mapsto \ \begin{cases} \{f(x) : x \in s\}, & \text{falls } s \in \mathfrak{K} \\ A, & \text{sonst} \end{cases}\end{aligned}$$

wohldefiniert und messbar. ◆

Beweis: Zunächst haben wir mit jedem Argument $s \in \mathfrak{F}(\mathfrak{X})$ eine abgeschlossene Menge aus $\mathfrak{Y}$ als Funktionswert, d. h. $T_{f,A}(s) \in \mathfrak{F}(\mathfrak{Y})$, denn: Für den Fall $s \in \mathfrak{K}$ ist $\{f(x) : x \in s\}$ kompakt in $(\mathfrak{Y}, \mathcal{S})$ und damit auch abgeschlossen (Beachte: $(\mathfrak{Y}, \mathcal{S})$ ist Hausdorff). Der Fall $s \in \mathfrak{K}^c$ ist nach Definition der Abbildung klar.

Ferner gilt für jede offene Menge $G \subset \mathfrak{Y}$

$$\begin{aligned}\{s \in \mathfrak{F}(\mathfrak{X}) : T_{f,A} \cap G \neq \emptyset\} \ &= \ \{s \in \mathfrak{K}(\mathfrak{X}) : f(s) \cap G \neq \emptyset\} \cup \{s \in \mathfrak{K}^c(\mathfrak{X}) : A \cap G \neq \emptyset\} \\ &= \ \left(\{s \in \mathfrak{F}(\mathfrak{X}) : s \cap f^{-1}(G) \neq \emptyset\} \cap \mathfrak{K}\right) \cup I \\ &\in \ \mathscr{E}(\mathfrak{X}),\end{aligned}$$

wobei $I = \emptyset$, falls $A \cap G = \emptyset$ und $= \mathfrak{K}^c$ sonst. Beachte dabei $s \cap f^{-1}(G) \neq \emptyset \Leftrightarrow f(s) \cap G \neq \emptyset$. Außerdem ist $f^{-1}(G)$ offen, da f nach Voraussetzung stetig ist. Schließlich folgt mit Satz A.21 (Seite 95) die Messbarkeit von $T_{f,A}$. ■

Wir kommen nun zu einer Reihe von Beispielen zufälliger abgeschlossener oder kompakter Mengen. Das erste Beispiel wurde im Wesentlichen schon angesprochen.

B.5 Beispiel (Zufällige Einpunktmengen) Sei $\xi : (\Omega, \mathcal{A}, P) \to (\mathfrak{X}, \mathcal{B})$ eine Zufallsgröße, so ist $\omega \mapsto S(\omega) := \{\xi(\omega)\}$ eine zufällige abgeschlossene Menge in $\mathfrak{X}$, denn: φ aus Bemerkung A.13 ist stetig und es gilt $S = \varphi \circ \xi$. ◆

Als direkte Folgerung aus Lemma B.4 erhalten wir die nächsten beiden Beispiele.

B.6 Beispiel (Koordinatenprojektion) Seien $(\mathfrak{X}, \mathcal{T}), (\mathfrak{Y}, \mathcal{S})$ LKHA-Räume, dann ist nach Korollar A.8 auch $(\mathfrak{X} \times \mathfrak{Y}, \mathcal{T} \otimes \mathcal{S})$ ein LKHA-Raum. Ferner ist nach Definition von $\mathcal{T} \otimes \mathcal{S}$ die Projektion $\mathrm{pr}_{\mathfrak{X}} : \mathfrak{X} \times \mathfrak{Y} \to \mathfrak{X}$ stetig. Aus Lemma B.4 folgt dann, dass

$$\begin{array}{rccc} T_{\mathrm{pr}_{\mathfrak{X}}} : & (\mathrm{K}(\mathfrak{X} \times \mathfrak{Y}), \mathcal{E}_{\mathrm{K}}(\mathfrak{X} \times \mathfrak{Y})) & \to & (\mathrm{K}(\mathfrak{X}), \mathcal{E}_{\mathrm{K}}(\mathfrak{X})) \\ & M & \mapsto & \{x : (x,y) \in M\} \end{array}$$

messbar ist. Mit einer zufälligen kompakten Menge K in $\mathfrak{X} \times \mathfrak{Y}$ ist also $T_{\mathrm{pr}_{\mathfrak{X}}} \circ K$ eine zufällige kompakte Menge in $\mathfrak{X}$. ◆

B.7 Beispiel Sei $(E, \|\cdot\|)$ ein endlichdimensionaler, separabler, normierter Raum (damit ist $(E, \mathcal{T}_{\|\cdot\|})$ ein LKHA-Raum), dann ist

$$\begin{array}{rccc} T_{\|\cdot\|} : & (\mathrm{K}(E), \mathcal{E}_{\mathrm{K}}(E)) & \to & (\mathrm{K}(\mathbb{R}), \mathcal{E}_{\mathrm{K}}(\mathbb{R})) \\ & M & \mapsto & \{\|x\| : x \in M\} \end{array}$$

nach Lemma B.4 messbar. Mit einer zufälligen kompakten Menge K in E ist $T_{\|\cdot\|} \circ K$ ein zufällige kompakte Menge in $\mathbb{R}$. ◆

B.8 Beispiel (Zufälliges Verschieben) Seien $(E, \|\cdot\|)$ ein endlichdimensionaler, separabler, normierter Raum (damit ist $(E, \mathcal{T}_{\|\cdot\|})$ ein LKHA-Raum), $K \subset E$ eine kompakte Menge und ξ eine Zufallsgröße in E, dann ist $K + \xi := \{x + \xi : x \in K\}$ eine zufällige kompakte Menge in E. Wir weisen hierbei daraufhin, dass für ein beliebiges $M \in \mathrm{K}(E)$ die Menge

$$\{x \in E : K + x \cap M \neq \emptyset\} = \{m - k : m \in M, k \in K\} =: M - K \tag{B.1}$$

messbar ist, denn: E ist als normierter Raum ein topologischer Vektorraum, so dass also die Abbildung $\varphi : E \times E \to E$, $(x,y) \mapsto x - y$ stetig ist. Außerdem ist $M \times K$ und schließlich auch $\varphi(M \times K) = M - K$ kompakt. Damit ist die Menge in (B.1) in der Borel-σ-Algebra $\mathcal{B}(E)$. Mit Satz A.22 (Seite 96) erhält man so die Messbarkeit der Abbildung $x \mapsto K + x$ und die Behauptung als Verknüpfung von ξ mit dieser. ◆

B.9 Beispiel (Zufällige Kugeln) Sei ξ eine $\mathbb{R}^d$-wertige und η eine $\mathbb{R}_+$-wertige Zufallsgröße auf $(\Omega, \mathcal{F}, P)$, so ist die Kugel $\overline{\mathrm{K}}_\eta(\xi)$ eine zufällige abgeschlossene Menge in $\mathbb{R}^d$, denn: Für eine kompakte Menge $K \subset \mathbb{R}^d$ ist nach Beispiel B.8 $\omega \mapsto K - \xi(\omega)$ eine zufällige kompakte Menge. Ferner ist dann nach Beispiel B.7 und Beispiel B.12 (siehe unten) $\omega \mapsto \min_{x \in K} \|\xi(\omega) - x\|$ eine $\mathbb{R}_+$-wertige Zufallsgröße. Letztlich haben wir mit

$$\left\{\overline{\mathrm{K}}_\eta(\xi) \cap K \neq \emptyset\right\} = \left\{\min_{x \in K} \|\xi - x\| \leq \eta\right\}$$

für $K \in \mathfrak{K}(\mathbb{R}^d)$ ein $\mathcal{F}$-messbares Ereignis. ◆

Zufällige Kugeln in $\mathbb{R}$ sind „zufällige Intervalle“. Sie treten häufig in der klassischen Statistik auf, nämlich in der Rolle eines Konfidenzintervalls. Mit oberen und unteren Konfidenzschranken lassen sich zufällige Intervall auch folgendermaßen einführen:

B.10 Beispiel (Zufällige Intervalle) Seien ξ und η Zufallsgrößen auf $(\Omega, \mathcal{F}, P)$ mit Werten in $(\mathbb{R}, \mathcal{B}(\mathbb{R}))$, so sind $S(\omega) :=]-\infty, \xi(\omega)]$ und $T(\omega) := [\eta(\omega), \infty[$ mit $\omega \in \Omega$ zufällige abgeschlossene Mengen in $\mathbb{R}$, denn: Offensichtlich ist für jede kompakte Teilmenge K von $\mathbb{R}$

$$\{S \cap K \neq \emptyset\} = \{\xi \geq \min K\}$$

ein $\mathcal{F}$-messbares Ereignis. Entsprechendes gilt für T. Schließlich ist auch $R := [\eta, \xi]$ als Schnitt von S und T nach Satz B.3 eine zufällige abgeschlossene Menge. ◆

Gerade auch im Hauptteil der Arbeit werden wir häufig zufällige abgeschlossene (kompakte) Mengen „auswerten“, d. h. z. B. mit einer weiteren $\mathbb{R}$-wertigen Abbildung verknüpfen. Wir beschäftigen uns also jetzt mit Zufallsgrößen, die aus entsprechenden zufälligen Mengen resultieren.

B.11 Satz (Indikator) Seien $(\mathfrak{X}, \mathcal{T}) = (\mathbb{R}^n, \mathcal{T}_{\|\cdot\|})$ und $(\mathfrak{Y}, \mathcal{S})$ ein Hausdorff-Raum mit $|\mathfrak{Y}| \geq 2$. Dann ist mit $a, b \in \mathfrak{Y}$, $a \neq b$

$$\begin{array}{llll} \mathbb{1}: & \left(\mathfrak{F}(\mathbb{R}^n) \times \mathbb{R}^n, \mathcal{E}(\mathbb{R}^n) \otimes \mathcal{B}(\mathbb{R}^n)\right) & \to & \left(\mathfrak{Y}, \mathcal{B}(\mathcal{S})\right) \\ & (F, u) & \mapsto & \begin{cases} a, & \text{falls } u \in F \\ b, & \text{sonst} \end{cases} \end{array}$$

eine messbare Abbildung. ◆

Beweis: Schneider & Weil (2000) zeigen mit Satz 1.1.7 auf Seite 14 die Behauptung zunächst für den Fall $(\mathfrak{Y},\mathcal{S}) = (\mathbb{R},\mathcal{B}(\mathbb{R}))$. Dabei können wir nach Lemma A.23 diese Abbildung auf $(\{0,1\},2^{\{0,1\}})$ einschränken. Die Menge $\mathbb{1}(\mathfrak{F}(\mathbb{R}^n)\times\mathbb{R}^n) = \{a,b\}$ ist kompakt, damit abgeschlossen (beachte: $(\mathfrak{Y},\mathcal{S})$ ist ein Hausdorff-Raum) also auch $\mathcal{B}(\mathcal{S})$-messbar. Auch hier können wir nach Lemma A.23 $\mathbb{1}$ einschränken und als Abbildung nach $(\{a,b\},2^{\{a,b\}})$ betrachten. Ferner ist $(\{a,b\},2^{\{a,b\}})$ offensichtlich topologisch äquivalent zu $(\{0,1\},2^{\{0,1\}})$. Insgesamt ergibt sich daraus die Behauptung. ■

Statt $\mathbb{1}(F,u)$ schreiben wir $\mathbb{1}_F(u)$ für den Funktionswert eines Paares $(F,u)\in\mathfrak{F}(\mathfrak{X})\times\mathfrak{X}$. Der Zielraum $(\mathfrak{Y},\mathcal{S})$ ergibt sich dabei stets aus dem Inhalt, weshalb wir diesen in der Notation nicht weiter berücksichtigen.

B.12 Beispiel Sei K eine zufällige kompakte Menge in $\mathbb{R}$ und sei X eine reellwertige Zufallsgröße, dann ist

$$\begin{array}{rcl} \varphi_{\max}: (\Omega,\mathcal{F},P) & \to & (\mathbb{R},\mathcal{B}(\mathbb{R})) \\ \omega & \mapsto & \begin{cases} \max K(\omega), & \text{falls } K(\omega)\neq\emptyset \\ X(\omega), & \text{sonst} \end{cases} \end{array}$$

eine $\mathbb{R}$-wertige Zufallsgröße. Zum Nachweis setzen wir wie üblich $\max\emptyset := -\infty$. Wähle $a,b\in\mathbb{R}$ mit $a<b$, so ist zunächst

$$\varphi_{\max}^{-1}(]a,b[) = \{\max K\in]a,b[\}\cup\Big(\{X\in]a,b[\}\cap\{K=\emptyset\}\Big).$$

Dabei sind $\{X\in]a,b[\}$ und $\{K=\emptyset\} = \{K\cap\mathbb{R}=\emptyset\}$ jeweils $\mathcal{F}$-messbare Mengen. Ferner ist

$$\begin{array}{rcl} \{\max K\in]a,b[\} & = & \{K\cap]a,b[\neq\emptyset\}\cap\Big(\bigcap_{n\in\mathbb{N}}\{K\cap[b,n]=\emptyset\}\Big) \\ & \in & \mathcal{F}, \end{array}$$

womit sich folglich die Messbarkeit von $\varphi_{\max}$ ergibt. Analoges gilt für min statt max. ◆

Dieses Beispiel lässt sich auch auf die Situation einer zufälligen kompakten Menge und einer Zufallsgröße in $\mathbb{R}^n$ erweitern. Hierbei betrachten wir mit der *lexikographischen Ordnung*, welche sich mit Hilfe der Produktrelationsnotation[1] wie folgt definieren lässt

$$\leq_{\mathrm{lx}} := \mathbf{id}_{\mathbb{R}}^{n-1} \otimes \leq_{\mathbb{R}} \cup \left(\bigcup_{k=1}^{n-2} \mathbf{id}_{\mathbb{R}}^{\otimes k} \otimes <_{\mathbb{R}} \otimes \left(\mathbb{R}^2\right)^{\otimes(n-k-1)} \right), \tag{B.2}$$

eine Totalordnung auf $\mathbb{R}^n$. Für $n = 2$ gilt also $(x_1, y_1) \leq_{\mathrm{lx}} (x_2, y_2)$ genau dann, wenn $x_1 <_{\mathbb{R}} x_2$ oder $x_1 =_{\mathbb{R}} x_2$ und $y_1 \leq_{\mathbb{R}} y_2$. [2]

Bevor wir zur analogen Version von Beispiel B.12 im $\mathbb{R}^n$ kommen, stellen wir noch folgende ordnungstheoretische Überlegung voran.

B.13 Lemma Jede in $(\mathbb{R}^n, \mathcal{T}_{\|\cdot\|})$ nichtleere und kompakte Menge K besitzt ein $\leq_{\mathrm{lx}}$-maximales Element. ◆

Beweis: Wir bezeichnen mit pr_j die Koordinatenprojektion auf die j-te Koordinate. Ferner setzen wir $K_0 := K$ und definieren sukzessiv für $j = 1, \ldots, n$

$$\begin{aligned} m_j &:= \max \mathrm{pr}_j(K_{j-1}) \\ K_j &:= \{x \in K_{j-1} : x_j = m_j\}. \end{aligned} \tag{B.3}$$

Man beachte dabei, dass $\mathrm{pr}_j(K_{j-1})$ und K_j für jedes j kompakt sind. Dann ist nach Konstruktion $(m_1, \ldots, m_n)$ das gesuchte $\leq_{\mathrm{lx}}$-maximale Element von K. ■

B.14 Beispiel Seien K eine zufällige kompakte Menge in $\mathbb{R}^n$ sowie X eine $\mathbb{R}^n$-wertige Zufallsgröße, so ist auch

$$\begin{aligned} \varphi_{\max_{\mathrm{lx}}} : (\Omega, \mathcal{F}, P) &\to (\mathbb{R}^n, \mathcal{B}(\mathbb{R}^n)) \\ \omega &\mapsto \begin{cases} \max_{\mathrm{lx}} K(\omega), & \text{falls } K(\omega) \neq \emptyset \\ X(\omega), & \text{sonst} \end{cases} \end{aligned}$$

eine $\mathbb{R}^n$-wertige Zufallsgröße. Zum Nachweis verwenden wir aus (B.3) die m_j und K_j für $j = 1, \ldots, n$ bezogen auf die zufällige kompakte Menge K. Die Messbarkeit der m_j und K_j ergibt sich sukzessiv. Zum einen ist m_1 nach Beispiel B.6 und Beispiel B.12 messbar. Zum anderen ist K_1 wegen

$$K_1 = K \cap \{m_1\} \times \mathbb{R}^{n-1} \ (\subset K)$$

[1]Seien $(\mathfrak{X}, R_{\mathfrak{X}})$, $(\mathfrak{Y}, R_{\mathfrak{X}})$ Mengen mit Relationen, so schreiben wir $(x_1, y_1) R_{\mathfrak{X}} \otimes R_{\mathfrak{Y}} (x_2, y_2)$ genau dann, wenn $x_1 R_{\mathfrak{X}} x_2$ und $y_1 R_{\mathfrak{Y}} y_2$ gilt. Damit ist die sogenannte *Produktrelation* von $R_{\mathfrak{X}}$ und $R_{\mathfrak{Y}}$ definiert.

[2]Im Folgenden verzichten wir wieder auf den Index $\mathbb{R}$ bei der gewöhnlichen Ordnung auf $\mathbb{R}$.

eine zufällige kompakte Menge. Entsprechend verfährt man mit m_j und K_j für $j = 2, \dots, n$.

Nach Lemma B.13 gilt $\max_{\mathrm{lx}} K = (m_1, \dots, m_n)$ auf $\{K \neq \emptyset\}$. Auf $\{K = \emptyset\}$ setzen wir ferner $(m_1, \dots, m_n) := \max_{\mathrm{lx}} \emptyset := (-\infty, \dots, -\infty)$. Schließlich erhält man für $B \in \mathcal{B}(\mathbb{R}^n)$

$$\{\varphi_{\max_{\mathrm{lx}}} \in B\} = \{(m_1, \dots, m_n) \in B\} \cup \left(\{K = \emptyset\} \cap \{X \in B\}\right),$$

also die Messbarkeit von $\varphi_{\max_{\mathrm{lx}}}$. ◆

B.2 Punktprozesse und Zufallsmaße

Für Anwendungen der stochastischen Geometrie, wie einige innerhalb der Stichprobentheorie, ist der Begriff der zufälligen abgeschlossenen Menge meist zu allgemein. Häufig sind solche allein durch die Angabe einer Familie von Zufallsgrößen in den betrachteten Grundraum $(\mathfrak{X}, \mathcal{B})$ beschrieben. Für ein weiteres einfaches und typisches Beispiel einer zufälligen abgeschlossenen Menge geben wir uns deshalb eine höchstens abzählbare Familie $(X_i : i \in I)$ von Zufallsgrößen auf einem Wahrscheinlichkeitsraum $(\Omega, \mathcal{F}, P)$ mit Werten in $\mathfrak{X}$ und betrachten die Abbildung

$$\begin{aligned} S : \Omega &\rightarrow 2^{\mathfrak{X}} \\ \omega &\mapsto \{X_i(\omega) : i \in I\}. \end{aligned}$$

Diese Abbildung entspricht offensichtlich der abzählbaren Vereinigung der zufälligen Einpunktmengen $\omega \mapsto \{X_i(\omega)\}$ (vgl. Beispiel B.5). Nach Satz B.3 (vi) haben wir dann mit S eine zufällige abgeschlossene Menge, sofern S stets abgeschlossen ist. Dies ist insbesondere dann der Fall, wenn S keinen Häufungspunkt in $\mathfrak{X}$ hat.

Solche Mengen $A \subset \mathfrak{X}$, die keinen Häufungspunkt besitzen, nennen wir bekanntlich lokalendlich (vgl. Abschnitt A, Seite 97). Außerdem erinnern wir an dieser Stelle an die Bezeichnung $\mathfrak{A}_{\mathrm{le}} := \mathfrak{A}_{\mathrm{le}}(\mathfrak{X})$ für den Raum aller lokalendlichen Mengen in $(\mathfrak{X}, \mathcal{T})$. Sei nun $\mathcal{E}_{\mathrm{le}}(\mathfrak{X})$ die Spur-σ-Algebra von $\mathcal{E}(\mathfrak{X})$ mit Spur $\mathfrak{A}_{\mathrm{le}}(\mathfrak{X})$, so sind die Zufallsgrößen $S : (\Omega, \mathcal{A}, P) \rightarrow (\mathfrak{A}_{\mathrm{le}}(\mathfrak{X}), \mathcal{E}_{\mathrm{le}}(\mathfrak{X}))$ die zentralen Objekte in diesem Abschnitt.[3]

B.15 Definition Eine zufällige abgeschlossene Menge S heißt *zufälliges Punktfeld* oder *(einfacher) Punktprozess*, falls $S \in \mathfrak{A}_{\mathrm{le}}(\mathfrak{X})$ P-fast sicher gilt. ◆

[3]Beachte hier wieder die Überlegung aus Lemma A.23 sowie die $\mathcal{E}(\mathfrak{X})$-Messbarkeit von $\mathfrak{A}_{\mathrm{le}}(\mathfrak{X})$.

Nach dem einführenden Beispiel sowie dieser Definition sind Punktprozesse insofern eine spezielle Klasse von zufälligen abgeschlossenen Mengen. Das Eingangsbeispiel hierzu haben wir aus einer gewissen Folge von Zufallsgrößen gewonnen. Durch die dort verwendete Vereinigungskonstruktion lässt sich jedoch ein mehrfaches Auftreten eines Punktes x in der Familie $(X_i(\omega) : i \in \mathbb{N})$ der Menge $S(\omega)$ nicht mehr entnehmen. Aus diesem Grund führen wir bei der obigen Begriffsbildung zum Punktprozess den Zusatz *einfach* mit. Eine in diesem Sinne verallgemeinerte Definition gelingt z. B. durch die Auffassung von Punktprozessen als „zufällige Zählmaße". Wir führen dazu jetzt weitere Bezeichnungen ein.

Wir nennen ein Maß ξ auf $(\mathfrak{X}, \mathscr{B}(\mathscr{T}))$ *lokalendlich*, falls $\xi(K) < \infty$ für jede kompakte Menge $K \subset \mathfrak{X}$ gilt. Die Menge aller solchen Maße bezeichnen wir mit $\mathfrak{M} = \mathfrak{M}(\mathfrak{X})$. Ferner heißen lokalendliche Maße ξ mit $\xi(K) \in \mathbb{N}_0$ für jedes $K \in \mathfrak{K}(\mathfrak{X})$ *lokalendliche Zählmaße*. Diese fassen wir durch die Mengenbezeichnung $\mathfrak{N} = \mathfrak{N}(\mathfrak{X})$ zusammen. Auf $\mathfrak{M}$ betrachten wir die Initial-σ-Algebra der durch die σ-Algebra $\mathscr{B}(\mathscr{T})$ indizierten Abbildungen

$$\begin{aligned} f_B : \mathfrak{M} &\to \mathbb{R} \cup \{\infty\} \\ \xi &\mapsto \xi(B), \end{aligned} \tag{B.4}$$

und schreiben dafür $\mathscr{M} = \mathscr{M}(\mathfrak{X})$.

B.16 Definition Ein *Zufallsmaß* auf $\mathfrak{X}$ ist eine messbare Abbildung von einem Wahrscheinlichkeitsraum $(\Omega, \mathscr{F}, P)$ mit Werten in $(\mathfrak{M}(\mathfrak{X}), \mathscr{M}(\mathfrak{X}))$. ◆

Die durch die Abbildungen (B.4) erzeugte σ-Algebra ermöglicht uns Zufallsmaße als $\mathfrak{M}$-wertige messbare Abbildungen einzuführen. Sie führt jedoch auch zu der folgenden einfachen Charakterisierung.

B.17 Satz Mit $\xi : (\Omega, \mathscr{F}, P) \to (\mathfrak{M}(\mathfrak{X}), \mathscr{M}(\mathfrak{X}))$ haben wir genau dann ein Zufallsmaß auf $\mathfrak{X}$, wenn $\xi(\cdot, A)$ für jedes $A \in \mathscr{B}(\mathfrak{X})$ eine Zufallsgröße ist. ◆

Beweis: Siehe Daley & Vere-Jones (2008, Proposition 9.1.VIII, Seite 8). ■

Der Beweis basiert im Wesentlichen auf der Kommutativität des Diagramms[4]

[4]Wir schreiben $\overline{\mathbb{R}} := \mathbb{R} \cup \{-\infty, \infty\}$ bzw. $\overline{\mathbb{R}}_+ := \mathbb{R}_+ \cup \{\infty\}$.

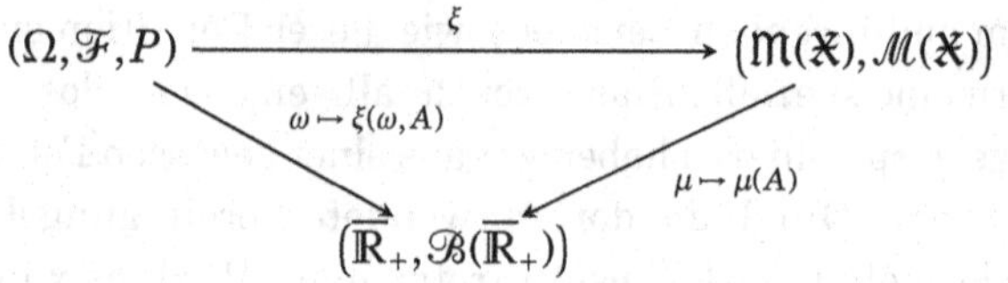

für jedes $A \in \mathcal{B}$. Im Folgenden schreiben wir häufig $\xi(A)$ für die Zufallsvariable $\xi_A : \omega \mapsto \xi(\omega,A)$.

B.18 Bemerkung Nach Satz B.17 ist die Abbildung $\xi : (\Omega,\mathcal{F}) \to (\mathfrak{M},\mathcal{M})$ genau dann ein Zufallsmaß auf $\mathfrak{X}$, wenn ξ ein Kern von $(\Omega,\mathcal{F})$ nach $(\mathfrak{X},\mathcal{B}(\mathcal{T}))$ mit $\xi(\omega,\cdot) \in \mathfrak{M}(\mathfrak{X})$ für jedes $\omega \in \Omega$ ist. ◆

Für eine Gegenüberstellung von Punktprozessen und Zufallsmaßen betrachten wir nun den Träger eines Maßes $\xi \in \mathfrak{N}(\mathfrak{X})$:

$$\operatorname{supp}\xi = \left\{x \in \mathfrak{X} : \xi(\{x\}) \geq 1\right\}.$$

Nach der Definition lokalendlicher Zählmaße ist $\operatorname{supp}\xi$ offensichtlich eine lokalendliche Menge. Somit können wir also jedem lokalendlichen Zählmaß eine lokalendliche Menge zuordnen und werden als Nächstes die Abbildung

$$\begin{aligned} \mathbf{j}: \mathfrak{N}(\mathfrak{X}) &\to \mathfrak{F}_{\mathrm{le}}(\mathfrak{X}) \\ \xi &\mapsto \operatorname{supp}\xi \end{aligned} \tag{B.5}$$

untersuchen. Weiter heißt ein Maß $\xi \in \mathfrak{N}$ mit $\xi(\{x\}) \leq 1$ für jedes $x \in \mathfrak{X}$ *einfach*. Bezeichne $\mathfrak{N}_{\mathrm{e}} = \mathfrak{N}_{\mathrm{e}}(\mathfrak{X})$ die Menge aller einfachen Zählmaße, so ist die Einschränkung $\mathbf{j}_{\mathrm{e}} := \mathbf{j}|_{\mathfrak{N}_{\mathrm{e}}}$ offensichtlich bijektiv. Bevor wir auf diese Abbildungen näher eingehen, klären wir einige Messbarkeitsfragen.

B.19 Lemma Die Mengen $\mathfrak{N}_{\mathrm{e}}$ und $\mathfrak{N}$ sind $\mathcal{M}$-messbar. ◆

Beweis: Kallenberg (1983, Lemma 1.5, Seite 13) liefert zunächst $\mathfrak{N} \in \mathcal{M}$. Der Rest folgt mit Schneider & Weil (2000, Satz 3.1.2, Seite 63 f.). ■

Auf $\mathfrak{N}_{\mathrm{e}}$ und $\mathfrak{N}$ betrachten wir die Spur-σ-Algebren $\mathcal{N}_{\mathrm{e}} := \mathcal{M} \cap \mathfrak{N}_{\mathrm{e}}$ und $\mathcal{N} := \mathcal{M} \cap \mathfrak{N}$, welche ebenso die Initial-σ-Algebren sind bezüglich der auf $\mathfrak{N}_{\mathrm{e}}$ bzw. $\mathfrak{N}$ definierten Funktionen $\xi \mapsto \xi(B)$, $B \in \mathcal{B}(\mathcal{T})$. Für Messbarkeitsnachweise ist das folgende Resultat sehr nützlich.

B.20 Lemma Die σ-Algebra $\mathcal{N}$ wird von den Mengen $\mathfrak{N}_{G,k} := \{\xi \in \mathfrak{N} : \xi(G) = k\}$ für $k \in \mathbb{N}_0$ und alle offenen, relativ kompakten Teilmengen G von $\mathfrak{X}$ erzeugt. ◆

Beweis: Siehe Schneider & Weil (2000, Lemma 3.1.1, Seite 63 f.). ■

B.21 Lemma Die Abbildung $\mathbf{j} : \mathfrak{N} \to \mathfrak{A}$, $\xi \mapsto \operatorname{supp}\xi$ ist messbar. Für die Einschränkung $\mathbf{j}_e = \mathbf{j}|_{\mathfrak{N}_e}$ gilt $\mathcal{N}_e = \mathbf{j}_e^{-1}(\mathcal{E}_{le})$ und $\mathcal{E}_{le} = \mathbf{j}_e(\mathcal{N}_e)$, d. h. die Messräume $(\mathfrak{A}_{le}, \mathcal{E}_{le})$ und $(\mathfrak{N}_e, \mathcal{N}_e)$ sind isomorph zueinander. ◆

Beweis: Siehe Schneider & Weil (2000, Satz 3.1.2, Seite 63 f.). ■

Mit $\mathfrak{N}_f := \mathfrak{N}_f(\mathfrak{X}) := \{\xi \in \mathfrak{N}_e(\mathfrak{X}) : |\operatorname{supp}\xi| < \infty\}$, $\mathcal{N}_f := \mathcal{N}_e \cap \mathfrak{N}_f$ und $\mathcal{E}_{\mathfrak{F}} := \mathcal{E} \cap \mathfrak{F}$ erhalten wir als Folgerung:

B.22 Korollar Die Abbildung $\mathbf{l} : \mathfrak{N}_f \to \mathfrak{F}$, $\xi \mapsto \operatorname{supp}\xi$ ist ein Isomorphismus zwischen $(\mathfrak{N}_f, \mathcal{N}_f)$ und $(\mathfrak{F}, \mathcal{E}_{\mathfrak{F}})$. ◆

Beweis: Es ist $\mathbf{j}_e|_{\mathfrak{N}_f} = \mathbf{l}$ und $\mathbf{j}_e^{-1}(\mathfrak{F}(\mathfrak{X})) = \{\xi \in \mathfrak{N}_e(\mathfrak{X}) : |\operatorname{supp}\xi| < \infty\} = \mathfrak{N}_f$. Der Rest ergibt sich aus Lemma B.21. ■

Wir kommen nun zu dem Begriff eines (allgemeinen) Punktprozesses. Man beachte dabei, dass gerade das Lemma B.21 die Wohldefiniertheit des *einfachen* Falls sichert.

B.23 Definition Ein *(allgemeiner) Punktprozess* ξ auf $\mathfrak{X}$ ist eine messbare Abbildung von einem Wahrscheinlichkeitsraum $(\Omega, \mathcal{F}, P)$ in den Messraum der lokalendlichen Zählmaße $(\mathfrak{N}(\mathfrak{X}), \mathcal{N}(\mathfrak{X}))$. Dieser heißt *einfach*, falls $\xi \in \mathfrak{N}_e(\mathfrak{X})$ P-fast sicher gilt. ◆

Die Isomorphie der Messräume $(\mathfrak{A}_{le}, \mathcal{E}_{le})$ und $(\mathfrak{N}_e, \mathcal{N}_e)$ rechtfertigt ferner die im Zusammenhang mit einem einfachen Punktprozess ξ gleichzeitig verwendeten Schreibweisen $x \in \xi$ bzw. $\xi(B)$ für eine Borelmenge B. Letztlich ergibt es sich durch die entsprechende Verwendung, ob ξ als Maß oder als Menge aufzufassen ist.

B.24 Beispiel Sind $\xi_1, \ldots, \xi_n$ Zufallsgrößen mit Werten in $\mathfrak{X}$ auf demselben Wahrscheinlichkeitsraum $(\Omega, \mathcal{F}, P)$, so liefert

$$\xi := \sum_{j=1}^{n} \boldsymbol{\delta}_{\xi_j}$$

ein denkbar einfaches Beispiel für einen Punktprozess. Zum Nachweis der

Messbarkeit überlegen wir uns für $B \in \mathcal{B}(\mathcal{T})$ und einem $k \in \mathbb{N}_0$

$$\begin{aligned}
\xi^{-1}(\Pi_{B,k}) &= \{\omega \in \Omega : \xi(\omega) \in \Pi_{B,k}\} \\
&= \{\omega \in \Omega : \xi(\omega, B) = k\} \\
&= \{\omega \in \Omega : \text{genau } k \text{ der } \xi_j(\omega) \text{ sind in } B\} \\
&= \bigcup_{1 \le i_1 < \ldots < i_k \le n} \{\xi_j \in B, j \in \{i_1, \ldots, i_k\}\} \cap \{\xi_j \notin B, \in \{i_1, \ldots, i_k\}\} \\
&\in \mathcal{F},
\end{aligned}$$

womit nach Lemma B.20 die Messbarkeit von $\xi : (\Omega, \mathcal{F}) \to (\Pi, \mathcal{N})$ folgt. Man beachte ferner, dass ξ im Allgemeinen kein einfacher Punktprozess ist. ◆

Umgekehrt existiert zu jedem einfachen Punktprozess ξ eine Folge von Zufallsgrößen $(\xi_k)_{k \in \mathbb{N}}$, so dass sich ξ über diese darstellen lässt. Das ist Inhalt des nächsten Satzes:

B.25 Satz Sei ξ ein einfacher Punktprozess in $\mathfrak{X}$. Dann gibt es eine Folge von Zufallsgrößen $\xi_1, \xi_2, \ldots$, die

$$\xi = \sum_{k=1}^{\xi(\mathfrak{X})} \delta_{\xi_k} \tag{B.6}$$

erfüllt. ◆

Beweis: Siehe Schneider & Weil (2000, Lemma 3.1.7, Seite 69 f.). ■

Sehr elementar und allgegenwärtig sind Punktprozesse

$$\xi : (\Omega, \mathcal{F}, P) \to (\mathfrak{F}_n(\mathbb{R}^n), \mathcal{E}_{\mathfrak{F}_n}(\mathbb{R}^n)),$$

also solche, die höchstens n Punkte aus dem Grundraum $\mathbb{R}^n$ annehmen. Statt von einem zufälligen Vektor $(\xi_1, \ldots, \xi_n)$ zu einem $\mathfrak{F}_n$-Punktprozess zu gelangen, wie in Satz B.25, werden wir nun für diese Klasse von Punktprozessen den entgegengesetzten Weg gehen. Wir definieren dazu $\mathfrak{F}_n^*(\mathfrak{X}) := \mathfrak{F}_n(\mathfrak{X}) \setminus \{\{\emptyset\}\}$ und bezeichnen mit $\max_j K$ den j-ten maximalen Wert von einem $K \in \mathfrak{F}_n^*(\mathbb{R})$.

B.26 Beispiel (Ordnungsstatistik) Wir betrachten eine zufällige $\mathfrak{F}_n^*(\mathbb{R})$-wertige Menge K und die *Ordnungsstatistik*

$$\begin{aligned}
\varphi_\uparrow : \quad (\mathfrak{F}_n^*(\mathbb{R}), \mathcal{E}_{\mathfrak{F}_n^*}(\mathbb{R})) &\to (\mathbb{R}^n, \mathcal{B}(\mathbb{R}^n)) \\
K &\mapsto (\max_1 K, \ldots, \max_n K).
\end{aligned} \tag{B.7}$$

Dann ist $\varphi_{\uparrow} \circ K$ eine $\mathbb{R}^n$-wertige Zufallsgröße, denn: Mit einer zufälligen $\mathcal{F}_n^*(\mathbb{R})$-wertigen Zufallsgröße ist zugleich die rekursiv definierte Familie

$$\max_k K := \begin{cases} \max\left(K \cap \bigcap_{j=1}^{k-1}\{\max_j K\}^c\right), & \text{falls } K \cap \bigcap_{j=1}^{k-1}\{\max_j K\}^c \neq \emptyset \\ \max_{k-1} K, & \text{sonst} \end{cases}$$

für $k = 2, \ldots, n$, wobei $\max_1 K := \max K$, eine Familie von $\mathbb{R}$-wertigen Zufallsgrößen nach Beispiel B.12. ◆

Wir erweitern das Beispiel zur Ordnungsstatistik wieder mit Hilfe der lexikographischen Ordnung auf $\mathbb{R}^2$. Hierzu sei entsprechend $\max_{\text{lx},j} K$ das j-te $\leq_{\text{lx}}$-maximale Element einer Menge $K \in \mathcal{F}_n(\mathbb{R}^2)$.

B.27 Beispiel (Ordnungsstatistik, $\leq_{\text{lx}}$) Sei K eine $\mathcal{F}_n^*(\mathbb{R}^2)$-wertige Zufallsgröße, so ist mit der Ordnungsstatistik

$$\begin{array}{rccc} \varphi_{\text{lx},\uparrow} : & (\mathcal{F}_n^*(\mathbb{R}^2), \mathscr{E}_{\mathcal{F}_n^*}(\mathbb{R}^2)) & \to & (\mathbb{R}^{2n}, \mathscr{B}(\mathbb{R}^{2n})) \\ & K & \mapsto & (\max_{\text{lx},1} K, \ldots, \max_{\text{lx},n} K) \end{array} \tag{B.8}$$

die Verknüpfung $\varphi_{\text{lx},\uparrow} \circ K$ eine $\mathbb{R}^{2n}$-wertige Zufallsgröße. Den Messbarkeitsnachweis erhält man mit Beispiel B.14 analog zum Beispiel B.26. ◆

Wir wollen uns nun etwas näher mit der Verteilungscharakteristik eines Punktprozesses ξ beschäftigen, indem wir für diesen eine Art „Erwartungswert" einführen. Zuvor schauen wir noch einmal auf Satz B.17. Dieser zeigte, dass die Messbarkeitsstruktur von einem Punktprozess ξ gerade auch über die Abbildungen $\xi_A := \xi(\cdot, A)$ codiert wird. Schließlich haben wir mit der Bezeichnung $\Phi_A : \mu \mapsto \mu(A)$

$$\sigma(\xi) = \xi^{-1}\left(\sigma(\Phi_A : A \in \mathscr{B})\right) = \sigma(\Phi_A \circ \xi : A \in \mathscr{B}) = \sigma(\xi_A : A \in \mathscr{B}).$$

Auch die Definition einer dem Erwartungswert entsprechenden Charakteristik eines Punktprozesses ξ werden wir auf die Familie von Zufallsgrößen $(\xi_A)_{A \in \mathscr{B}}$ zurückführen, indem wir die mengenweise definierte Funktion

$$\mathbf{M}_\xi(A) := \boldsymbol{\mu}\left(\xi(A)\right) \qquad \text{für } A \in \mathscr{B}, \tag{B.9}$$

betrachten. Man beachte dabei, dass die Zufallsgrößen ξ_A stets, d. h. für jedes $A \in \mathscr{B}$, nichtnegativ sind. Somit existiert $\boldsymbol{\mu}\left(\xi(A)\right)$ in $\overline{\mathbb{R}}_+$ für jedes $A \in \mathscr{B}$.

B.28 Bemerkung und Definition Die in (B.9) definierte Mengenfunktion ist offensichtlich endlich additiv aufgrund der σ-Additivität von $\xi(\omega, \cdot)$ für jedes ω und der Linearität des Integrals. Der Satz von der monotonen Konvergenz liefert zudem, dass $\mathbf{M}_\xi$ stetig von unten ist. Insgesamt haben wir also mit $\mathbf{M}_\xi$ ein Maß gegeben, welches *Intensitätsmaß*[5] heißt. Beachte: $\mathbf{M}_\xi$ ist im Allgemeinen nicht endlich. ◆

Ist ξ ein Punktprozess in $\mathfrak{X}$ auf dem Wahrscheinlichkeitsraum $(\Omega,\mathcal{F},P)$, so erhält man nach Satz B.17 für jede nichtnegative, messbare Funktion $f : \mathfrak{X} \to \mathbb{R}$ per Standardschluss die Messbarkeit von $\omega \mapsto \int f \,\mathrm{d}\xi(\omega,\cdot)$. Des Weiteren haben wir mit (B.9) per Standardschluss die Beziehung

$$\mu\left(\int_{\mathfrak{X}} f(x)\xi(\cdot,\mathrm{d}x)\right) = \int_{\mathfrak{X}} f(x)\mathbf{M}_\xi(\mathrm{d}x). \tag{B.10}$$

Aussagen über Identitäten dieser Art werden nach dem Physiker Norman Robert Campbell benannt. Statt für nichtnegative Funktionen benötigen wir im Hauptteil der Arbeit die Gültigkeit von (B.10) für gewisse $\mathbb{R}$-wertige Funktionen. Zur Formulierung einer entsprechenden Aussage sind wir dabei auf eine Integrierbarkeitseigenschaft angewiesen und verwenden die Bezeichnung $\mathcal{L}_1(\xi) := \bigcap_{\omega\in\Omega} \mathcal{L}_1\big(\xi(\omega,\cdot)\big)$.

B.29 Satz (Satz von Campbell) Sei ξ ein Punktprozess in $\mathfrak{X}$ auf dem Wahrscheinlichkeitsraum $(\Omega,\mathcal{F},P)$ und sei $f \in \mathcal{L}_1(\mathbf{M}_\xi) \cap \mathcal{L}_1(\xi)$. Dann ist $\omega \mapsto \int_{\mathfrak{X}} f(x)\xi(\omega,\mathrm{d}x)$ eine $\mathbb{R}$-wertige Zufallsgröße für dessen Erwartungswert

$$\mu\left(\int_{\mathfrak{X}} f(x)\xi(\cdot,\mathrm{d}x)\right) = \int_{\mathfrak{X}} f(x)\mathbf{M}_\xi(\mathrm{d}x) \tag{B.11}$$

gilt. ◆

Beweis: Die Messbarkeit der Abbildung $\omega \mapsto \int_{\mathfrak{X}} f(x)\xi(\omega,\mathrm{d}x)$ für alle $f \in \mathcal{L}_1(\mathbf{M}_\xi) \cap \mathcal{L}_1(\xi)$ folgt aus Satz B.17 und dem Standardschluss. Ferner erhält man (B.11) durch den Standardschluss für $\mathsf{H} := \{f \in \mathcal{L}_1(\mathbf{M}_\xi) \cap \mathcal{L}_1(\xi) :$ (B.11) gilt$\}$. ■

Eine wichtige und sehr elementare Prozessklasse besteht aus Punktprozessen ξ mit lokalendlichem Intensitätsmaß $\mathbf{M}_\xi$ derart, dass für Mengen $A \in \mathcal{B}$ mit $\mathbf{M}_\xi(A) < \infty$ die Zufallsgrößen $\xi(A)$ Poisson-verteilt sind. Wegen (B.9) ist dann $\mathbf{M}_\xi(A)$ der Parameter der Poisson-Verteilung und wir haben

$$P\big(\{\xi(A) = k\}\big) = \exp\big(-\mathbf{M}_\xi(A)\big)\frac{\mathbf{M}_\xi(A)^k}{k!} \qquad \text{für } k \in \mathbb{N}_0. \tag{B.12}$$

[5] In der englischsprachigen Literatur verwendet man häufig die direkte Übersetzung „intensity measure", findet jedoch auch die Bezeichnung „expectation measure" (vgl. Daley & Vere-Jones, 2008).

Die Verteilung eines einfachen Punktprozesses ξ ist dabei schon durch (B.12) für alle $A \in \mathscr{B}$ eindeutig festgelegt (siehe Schneider & Weil, 2000, Satz 3.2.2, Seite 73). Wir kommen damit zu folgender Definition:

B.30 Definition Ein einfacher Punktprozess ξ mit lokalendlichem Intensitätsmaß heißt *Poisson-Prozess* mit Parameter $\mathbf{M}_\xi$, falls dieser (B.12) für jedes $A \in \mathscr{B}$ erfüllt. Für die Verteilung von ξ schreiben wir $\mathbf{Poi}(\mathbf{M}_\xi)$. ◆

B.31 Bemerkung Das Intensitätsmaß eines Poisson-Prozesses ist atomfrei[6]. Umgekehrt kann man zeigen, dass es zu jedem atomfreien, lokalendlichen Maß M ein Poisson-Prozess ξ existiert mit Intensitätsmaß $\mathbf{M}_\xi = M$. Für einen Nachweis siehe Schneider & Weil (2000, Seite 72 ff.). ◆

Mit dem folgenden Satz stellen wir zwei wesentliche Eigenschaften eines Poisson-Prozesses heraus.

B.32 Satz Sei ξ ein Poisson-Prozess in $\mathfrak{X}$, $(A_n)_{n\in\mathbb{N}} \in \mathscr{B}^{\mathbb{N}}$ eine Folge paarweise disjunkter Mengen mit $\mathbf{M}_\xi(A_n) < \infty$ für alle n und $A \in \mathscr{B}$ mit $0 < \mathbf{M}_\xi(A) < \infty$, dann gilt:

(a) Die Punktprozesse $\xi(\cdot \cap A_n)$ für $n \in \mathbb{N}$ sind stochastisch unabhängig.

(b) Für jedes $k \in \mathbb{N}$ ist

$$P\big(\xi(\cdot \cap A) \in \cdot \,|\, \xi(A) = k\big) = \left(\sum_{j=1}^{k} \boldsymbol{\delta}_{X_j}\right) \square\, P,$$

mit u. i. v. Zufallsgrößen $X_1, \ldots, X_k$ und $X_1 \sim \mathbf{M}_\xi(\cdot \,|\, A)$. ◆

Beweis: Siehe Schneider & Weil (2000, Satz 3.2.3 (a) und (b), Seite 75 f.).■

Poisson-Prozesse sind sehr nützlich bei der Beschreibung von Punktmustern in der Natur. Zum Beispiel lässt sich ein Waldbestand als Realisation eines Poisson-Prozesses ξ im $\mathbb{R}^2$ auffassen. Sein Parameter $\mathbf{M}_\xi$, also das Intensitätsmaß, beschreibt dabei das lokale Verhalten von ξ in dem Sinne, dass bekanntlich $\mathbf{M}_\xi(A)$ als Parameter für die Poisson-verteilte Zufallsgröße $\xi(A)$ auch für die erwartete Anzahl an Punkten von ξ in der Menge A steht.

Ist ξ ein Poisson-Prozess in $\mathbb{R}^k$ dermaßen, dass ein $h \in \frac{\mathrm{d}\mathbf{M}_\xi}{\mathrm{d}\boldsymbol{\lambda}^k}$ existiert, so nennt man h *Intensitätsfunktion*. In dieser Situation kann man schließlich

$$\mathbf{M}_\xi(A) = \int_A h(x)\,\boldsymbol{\lambda}^k(\mathrm{d}x)$$

[6] Ist $(\mathfrak{X}, \mathscr{T})$ ein Hausdorff-Raum, so heißt ein Maß μ auf $(\mathfrak{X}, \mathscr{B}(\mathscr{T}))$ *atomfrei*, falls $\mu(\{x\}) = 0$ für alle $x \in \mathfrak{X}$ gilt.

schreiben. Im Fall $h \equiv \alpha$ heißt der Poisson-Prozess ξ *homogen* und es gilt $\mathbf{M}_\xi(A) = \alpha \cdot \boldsymbol{\lambda}^k(A)$. Wir erhalten damit auch folgende Gleichverteilungseigenschaft:

B.33 Bemerkung (Gleichverteilungseigenschaft) Für homogene Poisson-Prozesse ξ und Mengen $A \in \mathscr{B}(\mathbb{R}^k)$ mit $0 < \mathbf{M}_\xi(A) < \infty$ erhalten wir nach Satz B.32

$$P\big(\xi(\cdot \cap A) \in \cdot \,|\, \xi(A) = k\big) = \left(\sum_{j=1}^{k} \boldsymbol{\delta}_{U_j}\right) \square P$$

zu einem zuvor gegebenen $k \in \mathbb{N}$ und mit Zufallsgrößen $U_1, ..., U_k$, welche unabhängig und identisch $U_1 \sim \mathbf{U}_A$ verteilt sind. ◆

B.3 Markierte Punktprozesse

In vielen Anwendungsfällen beschreiben Punktprozesse eine Verteilung von bestimmten Objekten in einem Raum oder in einer Ebene. Während dabei ein Punkt ein Objekt repräsentiert, gilt es gelegentlich die stochastische Abhängigkeit der zufälligen Punktstruktur zu weiteren Merkmalen dieser Objekte zu berücksichtigen. Des Weiteren lassen sich viele zufällige abgeschlossene Mengen durch Punktprozesse charakterisieren, deren Punkte jeweils mit zusätzlichen Informationen bestückt sind. Zum Beispiel kann man eine Kollektion zufälliger Kugeln im Raum durch einen Punktprozess darstellen, deren zufällige Punktstruktur für die Mittelpunkte der Kugeln stehen und welche zudem mit zufälligen Radien ausgestattet sind. Solche Betrachtungen führen uns letztlich zu Punktprozessen, bei denen die Punkte mit *Marken* versehen sind.

Sei $\mathfrak{Y}$ die Menge aller möglichen Marken, welche mit einer Topologie $\mathcal{S}$ einen LKHA-Raum $(\mathfrak{Y}, \mathcal{S})$ darstelle, so trage $\mathfrak{X} \times \mathfrak{Y}$ stets die Produkttopologie $\mathcal{T} \otimes \mathcal{S}$, sofern nichts anderes gesagt wird. Der Produktraum $(\mathfrak{X} \times \mathfrak{Y}, \mathcal{T} \otimes \mathcal{S})$ ist dann nach Satz A.8 auch wieder ein LKHA-Raum. Entsprechend verwenden wir im Folgenden die Bezeichnungen $\mathfrak{A}(\mathfrak{X} \times \mathfrak{Y})$, $\mathfrak{A}_{\mathrm{le}}(\mathfrak{X} \times \mathfrak{Y})$ sowie $\mathfrak{M}(\mathfrak{X} \times \mathfrak{Y})$, $\mathfrak{N}(\mathfrak{X} \times \mathfrak{Y})$ und $\mathfrak{N}_{\mathrm{e}}(\mathfrak{X} \times \mathfrak{Y})$.

B.34 Definition Ein Punktprozess ξ in $\mathfrak{X} \times \mathfrak{Y}$ heißt *markierter Punktprozess* in $\mathfrak{X}$ mit *Markenraum* $\mathfrak{Y}$. Dabei heißt ξ *einfach*, falls $\xi \in \mathfrak{N}_{\mathrm{e}}(\mathfrak{X} \times \mathfrak{Y})$ P-fast sicher gilt. ◆

Betrachten wir mit ξ einen markierten Punktprozess in $\mathfrak{X}$ mit Marken in $\mathfrak{Y}$, so erhalten wir durch die Verknüpfung mit der Projektion $(x,y) \mapsto x$ den zu ξ gehörigen *unmarkierten Punktprozess* ξ^* in $\mathfrak{X}$. Umgekehrt gilt:

B.35 Satz (Adaption) Sei ξ ein Punktprozess in $\mathfrak{X}$ und $f : \mathfrak{X} \to \mathfrak{Y}$ messbar, so ist

$$\begin{array}{rccc} \mathbf{a}_f: & (\mathfrak{X}, \mathscr{B}(\mathscr{T})) & \to & (\mathfrak{X} \times \mathfrak{Y}, \mathscr{B}(\mathscr{T}) \otimes \mathscr{B}(\mathscr{S})) \\ & x & \mapsto & (x, f(x)) \end{array}$$

messbar und $\omega \mapsto \mathbf{a}_f \circ \xi(\omega, \cdot)$ ein markierter Punktprozess in $\mathfrak{X}$ mit Markenraum $\mathfrak{Y}$. ◆

Beweis: Für $A \in \mathscr{B}(\mathscr{T})$ und $B \in \mathscr{B}(\mathscr{S})$ ist $\mathbf{a}_f^{-1}(A \times B) = A \cap f^{-1}(B) \in \mathscr{B}(\mathscr{T})$, womit sich die Messbarkeitsbehauptung von $\mathbf{a}_f$ direkt ergibt.

Ferner ist damit $\xi(\cdot, \mathbf{a}_f^{-1}(A))$ für jedes $A \in \mathscr{B}(\mathscr{T}) \otimes \mathscr{B}(\mathscr{S})$ eine $\overline{\mathbb{R}}_+$-wertige Zufallsgröße, so dass nach Satz B.17 $\omega \mapsto \mathbf{a}_f \circ \xi(\omega, \cdot)$ ein Punktprozess in $\mathfrak{X} \times \mathfrak{Y}$ ist.[7] ■

B.36 Bemerkung und Beispiel Sei ξ ein beliebiger Punktprozess in $\mathfrak{X}$, so lässt sich dieser durch das Einführen der Marke *Vielfachheit* $\xi(\{x\}) \in \mathbb{N}_0$ als einen einfachen Punktprozess in $\mathfrak{X} \times \mathbb{N}_0$ darstellen. Man betrachte dabei die Abbildung

$$\begin{array}{rccc} \mathrm{e}: & \mathfrak{n}(\mathfrak{X}) & \to & \mathfrak{n}_{\mathrm{e}}(\mathfrak{X} \times \mathbb{N}_0) \\ & \xi & \mapsto & \sum_{x \in \operatorname{supp} \xi} \boldsymbol{\delta}_{(x, \xi(\{x\}))}. \end{array}$$

◆

[7] Man beachte, dass in topologischen Räumen mit abzählbarer Basis $\mathscr{B}(\mathscr{T}) \otimes \mathscr{B}(\mathscr{S}) = \mathscr{B}(\mathscr{T} \otimes \mathscr{S})$ gilt (siehe Dudley, 2002, Proposition 4.1.7, Seite 119).

Literaturverzeichnis

Bartlett, R. F. (1986). Estimating the total of a continous population. *Journal of statistical planning and inference* **13**, 51–66.

Basu, D. (1969). Role of the sufficiency and likelihood principles in sample survey theory. *Sankhyā: The Indian Journal of Statistics, Series A* , 441–454.

Basu, D. (1971). An essay on the logical foundations of survey sampling, part one. In V. Godambe & D. Sprott, eds., *Foundations of statistical inference*. Holt, Rinehart & Winston, Toronto, pp. 203–242.

Bauer, H. (1992). *Maß- und Integrationstheorie*. De Gruyter-Lehrbuch. De Gruyter, Berlin, New York. 2., überarbeitete Auflage.

Beer, G. (1993). *Topologies on closed and closed convex sets*. Mathematics and Its Applications. Kluwer Academic Publishers, Dordrecht.

Bitterlich, W. (1952). Die Winkelzählprobe. *Forstwissenschaftliches Centralblatt* **71**, 215–225.

Blackwell, D. (1951). Comparison of experiments. In *Proceedings of the Second Berkeley Symposium on Mathematical Statistics and Probability*, vol. 1. University of California Press, Berkeley, Calif., pp. 93–102.

Blackwell, D. (1953). Equivalent comparisons of experiments. *The Annals of Mathematical Statistics* **24**, 265–272.

Boyden, S., Binkley, D. & Shepperd, W. (2005). Spatial and temporal patterns in structure, regeneration, and mortality of an old-growth ponderosa pine forest in the Colorado Front Range. *Forest Ecology and Management* **219**, 43 – 55.

Brøns, H. (2002). [What is a statistical model?]: Discussion. *The Annals of Statistics* **30**, 1279–1283.

Cassel, C.-M., Särndal, C.-E. & Wretman, J. H. (1977). *Foundations of inference in survey sampling*. Wiley series in probability and mathematical statistics. Wiley, New York, London, Sydney, Toronto.

Chaudhuri, A. & Vos, J. W. (1988). *Unified theory and strategies of survey sampling*. North-Holland, Amsterdam.

Cordy, C. B. (1993). An extension of the Horvitz–Thompson theorem to point sampling from a continuous universe. *Statistics & Probability Letters* **18**, 353–362.

Daley, D. & Vere-Jones, D. (2008). *An introduction to the theory of point processes: Volume II: General theory and structure*. Probability and Its Applications. Springer, New York, 2nd edn.

Dudley, R. (2002). *Real analysis and probability*. Cambridge Studies in Advanced Mathematics. Cambridge University Press.

Effros, E. G. (1965). Convergence of closed subsets in a topological space. *Proceedings of the American Mathematical Society* **16**, 929–931.

Fisher, R. A. (1922). On the mathematical foundations of theoretical statistics. *Philosophical Transactions of the Royal Society of London. Series A, Containing Papers of a Mathematical or Physical Character* **222**, 309–368.

Godambe, V. P. (1955). A unified theory of sampling from finite populations. *Journal of the Royal Statistical Society. Series B (Methodological)* **17**, 269–278.

Godambe, V. P. (1970). Foundations of survey-sampling. *The American Statistician* **24**, 33–38.

Godambe, V. P. & Joshi, V. M. (1965). Admissibility and Bayes estimation in sampling finite populations. I. *The Annals of Mathematical Statistics* **36**, 1707–1722.

Gordesch, J. (1972). Completeness and unbiased estimation [Letter to the editor]. *The American Statistician* **26**, 45–46.

Hald, A. (1998). *A history of mathematical statistics from 1750 to 1930*. Wiley Series in Probability and Statistics. Wiley.

Halmos, P. R. (1946). The theory of unbiased estimation. *The Annals of Mathematical Statistics* **17**, 34–43.

Hansen, M. H. & Hurwitz, W. N. (1943). On the theory of sampling from finite populations. *The Annals of Mathematical Statistics* **14**, 333–362.

Hewitt, E. & Stromberg, K. (1975). *Real and abstract analysis*. Graduate Texts in Mathematics. Springer.

Horvitz, D. G. & Thompson, D. J. (1952). A generalization of sampling without replacement from a finite universe. *Journal of the American Statistical Association* **47**, 663–685.

Kagan, A. M., Malinovsky, Y. & Mattner, L. (2014). Partially complete sufficient statistics are jointly complete. *Teoriya Veroyatnostei i ee Primeneniya* **59**, 542–561.

Kallenberg, O. (1983). *Random measures*. Akademie-Verlag / Academic Press, Berlin, New York, 3rd edn.

Kish, L. (1965). *Survey sampling*. Bd. 105. John Wiley & Sons, New York, London, Sydney.

Kolmogorov, A. N. (1950). Unbiased estimates. *Izvestiya Rossiiskoi Akademii Nauk. Seriya Matematicheskaya* **14**, 303–326.

Krafft, O. (1978). *Lineare statistische Modelle und optimale Versuchspläne*. Studia mathematica: Mathematische Lehrbücher. Vandenhoeck und Ruprecht.

Krengel, U. (2006). Von der Bestimmung von Planetenbahnen zur modernen Statistik. *Mathematische Semesterberichte* **53**, 1–16.

Lehmann, E. L. (1983). *Theory of point estimation*. Wiley series in probability and mathematical statistics: Probability and mathematical statistics. Wiley.

Lehmann, E. L. & Casella, G. (1998). *Theory of point estimation*. Springer texts in statistics. Springer, New York, 2nd edn.

Mandallaz, D. (2007). *Sampling techniques for forest inventories*. Applied Environmental Statistics. Chapman & Hall/CRC, Taylor & Francis, Boca Raton.

Mandelbaum, A. & Rüschendorf, L. (1987). Complete and symmetrically complete families of distributions. *The Annals of Statistics* **15**, 1229–1244.

Matheron, G. (1975). *Random sets and integral geometry*. Wiley series in probability and mathematical statistics: Probability and mathematical statistics. Wiley, New York.

Mattner, L. (2010a). Seminar in Statistik: Ausgewählte Kapitel der Statistik. Unveröffentlicht.

Mattner, L. (2010b). Vorlesung zur Mathematischen Statistik I. Unveröffentlicht.

Mattner, L. (2012). Lecture notes on mathematical statistics. Unveröffentlicht.

McCullagh, P. (2002). What is a statistical model? *Annals of Statistics* **30**, 1225–1310.

Molchanov, I. (2005a). Random closed sets. In M. Bilodeau, F. Meyer &

M. Schmitt, eds., *Space, structure and randomness*, vol. 183 of *Lecture Notes in Statistics*. Springer, New York, pp. 135–149.

Molchanov, I. (2005b). *Theory of random sets*. Probability and Its Applications. Springer, London.

Neyman, J. (1934). On the two different aspects of the representative method: The method of stratified sampling and the method of purposive selection. *Journal of the Royal Statistical Society* **97**, 558–625.

Ogura, Y. (2007). On some metrics compatible with the Fell–Matheron topology. *International Journal of Approximate Reasoning* **46**, 65–73.

Opsomer, J. D., Breidt, F. J., Moisen, G. G. & Kauermann, G. (2007). Model-assisted estimation of forest resources with generalized additive models. *Journal of the American Statistical Association* **102**, 400–409.

Pfanzagl, J. (1994). *Parametric statistical theory*. De Gruyter textbook. De Gruyter, Berlin, New York.

Rao, C. R. (1975). Some problems of sample surveys. *Advances in Applied Probability* **7**, 50–61.

Royall, R. (1968). An old approach to finite population sampling theory. *Journal of the American Statistical Association* **63**, 1269–1279.

Rubin-Bleuer, S. & Schiopu-Kratina, I. (2005). On the two-phase framework for joint model and design-based inference. *The Annals of Statistics* **33**, 2789–2810.

Särndal, C.-E., Swensson, B. & Wretman, J. H. (2003). *Model assisted survey sampling*. Springer Series in Statistics. Springer-Verlag, New York.

Schmetterer, L. & Strasser, H. (1974). Zur Theorie der erwartungstreuen Schätzungen. *Anzeiger der Österreichischen Akademie der Wissenschaften. Mathematisch-Naturwissenschaftliche Klasse* **76**, 59–66.

Schneider, R. & Weil, W. (2000). *Stochastische Geometrie*. Teubner Skripten zur Mathematischen Stochastik. B.G. Teubner, Stuttgart, Leipzig.

Schubert, H. (1964). *Topologie*. Mathematische Leitfäden. B.G. Teubner.

Schwappach, A. (1886). *Handbuch der Forst- und Jagdgeschichte Deutschlands: Erster Band*. Springer, Berlin.

Singh, D. & Chaudhary, F. (1986). *Theory and analysis of sample survey designs*. Halsted Press Book. John Wiley & Sons, New York.

Stoyan, D., Kendall, W. & Mecke, J. (1987). *Stochastic geometry and its applications*. Mathematische Lehrbücher und Monographien. Abteilung 2, Mathematische Monographien. Akademie-Verlag, Berlin.

Stoyan, D. & Mecke, J. (1983). *Stochastische Geometrie*. Mathematik und Physik. Akademie-Verlag, Berlin.

Stoyan, D. & Penttinen, A. (2000). Recent applications of point process methods in forestry statistics. *Statistical Science* **15**, 61–78.

Thompson, M. E. & Godambe, V. P. (2002). A conversation with V. P. Godambe. *Statistical Science* **17**, 458–466.

Werner, D. (1995). *Funktionalanalysis*. Springer-Lehrbuch. Springer-Verlag, Berlin, Heidelberg.

Witting, H. (1985). *Mathematische Statistik: Parametrische Verfahren bei festem Stichprobenumfang*. B.G. Teubner, Stuttgart.

Wright, T. (2001). Selected moments in the development of probability sampling: Theory & practice. *Newsletter of the Survey Research Methods Section* , 1–6.

Sachverzeichnis

Printed in the United States
By Bookmasters